Kotlin
スタートブック
―新しいAndroidプログラミング―

長澤太郎 著
［日本 Kotlin ユーザグループ代表］

リックテレコム

本書をご購入いただいた方は、本書に掲載されているサンプルプログラムのいくつかを、ダウンロードして利用することができます。これらのプログラムコードは、本書に記載されたものと一部異なる箇所がありますので、参考としてご利用ください。

http://www.ric.co.jp/book/index.html

リックテレコムの上記Webサイトの左欄「総合案内」から「データダウンロード」ページへ進み、本書の書名を探してください。そこから該当するzip圧縮ファイルを入手することができます。その際には、以下の書籍IDとパスワードを入力する必要があります。

書　籍ID： ric10391
パスワード： prg10391

注意

1. 本書は、著者が独自に調査した結果を出版したものです。
2. 本書は万全を期して作成しましたが、万一ご不審な点や誤り、記載漏れ等お気づきの点がありましたら、出版元まで書面にてご連絡ください。
3. 本書の記載内容を運用した結果およびその影響については、上記にかかわらず本書の著者、発行人、発行所、その他関係者のいずれも一切の責任を負いませんので、あらかじめご了承ください。
4. 本書の記載内容は、執筆時点である2016年4月現在において知りうる範囲の情報です。本書に記載されたURLやソフトウェアの内容は、将来予告なしに変更される場合があります。
5. 本書に掲載されているサンプルプログラムや画面イメージ等は、特定の環境と環境設定において再現される一例です。
6. 本書に掲載されているプログラムコード、図画、写真画像等は著作物であり、これらの作品のうち著作者が明記されているものの著作権は、各々の著作者に帰属します。
7. 本書に記載されているプログラムは、本書vページの「表1」に記載された環境において開発され、また、その環境のほか下記の環境において動作検証を実施しました。
    ・OS X 10.9 + Kotlin 1.0.2 + Android Studio 2.1.2 + Java SE Development Kit 7u79
    ・Debian GNU/Linux Jessie 8.4 + Kotlin 1.0.1 + Android Studio 2.1.1 + OpenJDK 1.8.0

商標の扱い等について

1. Kotlinはチェコ共和国JetBrains s.r.o.社が開発し、Apache 2.0オープンソースライセンスにて公開されています。
2. AndroidはGoogle Inc.の商標または登録商標です。
3. JavaはOracle Corporation及びその子会社、関連会社の米国及びその他の国における登録商標です。
4. 上記のほか、本書に記載されている商品名、サービス名、会社名、団体名、およびそれらのロゴマークは、各社または各団体の商標または登録商標である場合があります。
5. 本書では原則として、本文中においてTMマーク、Rマーク等の表示を省略させていただきました。
6. 本書の本文中では日本法人の会社名を表記する際に、原則として「株式会社」等を省略した略称を記載しています。また、海外法人の会社名を表記する際には、原則として「Inc.」「Co., Ltd.」等を省略した略称を記載しています。

はじめに

　筆者は古くからのJavaファンで、高校生の頃から趣味でアプレットやデスクトップアプリ、モバイルアプリを開発していました。Java言語で記述できるAndroidの世界にもすぐに入ることができ、今では業務でも日常的に使っているお気に入りの言語です。しかし、愛用していると不便に感じる点が見えてくることも確かです。

　そのような状況で出会ったプログラミング言語が「Kotlin」（ことりん）でした。Javaと同じく、ソースコードがJavaバイトコードにコンパイルされ、Java仮想マシン上で動くKotlinは、まさにJavaの代替言語として登場しました。皆さんもきっと、Javaの弱点が補完された言語を求めて、本書を手に取ってくださったことでしょう。だとしたら、「よい選択をされた！」と自信を持って言えます。私自身、誕生して間もない頃のKotlinと出会い、その簡潔かつ安全な文法や機能に惚れ込み、長くその成長を見守ってきました。そして2016年2月にバージョン1.0.0として正式版がリリースされ、今やプロダクトで使用する言語として、重要な選択肢のひとつとなりました。

　Kotlinの特徴は、静的型付け、オブジェクト指向、ラムダ式や高階関数、そして拡張関数やNull安全といったユニークな機能を備えていることです。開発元は、IntelliJ IDEAの開発で有名なJetBrains社です。

　本書はKotlinの文法や機能を詳しく、そして幅広く解説し、実際にKotlinを使ったAndroidアプリの作例を示します。あなたがAndroidエンジニアであれば、本書を通じて、AndroidプログラミングにおけるKotlinの活用術を身につけることができます。Androidエンジニアでなくとも、Kotlinの文法と機能の大部分を本書1冊でカバーすることができ、ちょっとしたツール開発からWebアプリの開発にまで応用できるでしょう。

　Kotlinはきっと、皆さんの仕事をスムーズに、日々のプログラミングをより楽しくしてくれる、よき相棒となるでしょう。本書がその一助となれば、筆者としてこの上ない喜びです。

2016年6月　　長澤太郎

はじめに

本書の対象読者

　本書は、JavaによるAndroidアプリ開発の経験がある方を主な対象としています。プログラミング言語Kotlinの文法と機能、それを使ったAndroidアプリ開発に焦点を当てます。換言すれば、プログラミングに関する一般的な知識や、Androidアプリ開発の基本的な話題は、バッサリ省略するということです。例えば、変数や制御構文とはそもそも何か、であるとか、Activityの役割などは、当然ご存知のこととして話を進めます。

　JavaやAndroidの経験がなくても、何かしらのプログラミング経験をお持ちの方は、Kotlinの文法と機能の解説をするパートに限定すれば、容易に読み進めることができるでしょう。Kotlinは既存の多くの言語から影響を受けています。あなたのお気に入りの言語に似ている部分があるかもしれません。

　大切なのは、前提知識なんかよりも、Kotlinを楽しもうとする気持ちです。この魅力的なプログラミング言語に興味を持った方すべてに、存分に楽しんでいただければと思います。

本書の読み方

　本書は3部構成となっています。

　第Ⅰ部は本書の入口です。「Kotlinとは何か？」という話題からスタートして、開発環境の構築、機能やコードの味見、そして基本的な文法を見ていきます。どの読者も第Ⅰ部から読み始めることをおすすめします。

　第Ⅱ部はKotlinの教科書です。最初から順に読み進めることで、Kotlinの文法と機能を詳しく学ぶことができますが、後からリファレンスとして拾い読みすることもできるようになっています。一刻も早くAndroidアプリ開発にKotlinを使ってみたい方は、この部を飛ばして第Ⅲ部を読み始めることもできます。Kotlinでゲームやツールを書きたくてうずうずしているプログラミング上級者の方は、必要に応じて第Ⅱ部を読むとよいでしょう。

　第Ⅲ部では、サンプルアプリの開発を通じて、KotlinによるAndroidプログラミングを体験します。Kotlinの用語や文法が登場する箇所には、第Ⅱ部の詳細な解説へリンクを張りました。

想定環境

本書では下記の開発／実行環境を想定しています。

表1
本書の想定環境

OS	OS X バージョン10.11.5
JDK	1.8.0_92
Kotlin	1.0.2
IntelliJ IDEA	Community Edition 2016.1
Android Studio	2.0.0
Google Chrome	50.0.2661.102

謝辞

　長年の夢であったKotlinの入門書を書き上げることができ、Kotlinの大ファンの一人として、この上ない喜びです。多くの方々の支えなくしては、実現しえなかったでしょう。この場をお借りし、かの方々に感謝を申し上げます。

　リックテレコム社の蒲生達佳氏は、まだ国内では実績のないKotlin入門書の企画を受け入れてくださいました。同じく松本昭彦氏は、きめ細かく丁寧な編集、校閲をしてくださり、筆者自身、非常に勉強になりました。

　うらがみ氏、中村学氏、藤原聖氏のお三方には、技術的な観点からのレビューをしてもらいました。うらがみ氏と中村学氏には、その卓越したJavaやプログラミングに関する知識で、第Ⅰ部と第Ⅱ部を担当してもらいました。筆者の尊敬するAndroidエンジニアである藤原聖氏には、第Ⅲ部を担当してもらいました。また、Androidのサンプルアプリのコードレビューも、引き受けてもらいました。本書に掲載した内容の正確性には万全を期していますが、万一誤りがあった場合、その責任はもちろんレビュアーではなく、すべて筆者にあります。

目次

はじめに　　　　　　　　　　　　　　　　　　　　　　　iii

第 I 部　初めての Kotlin

第 1 章　ようこそ！Kotlinの世界へ　　003
- ❶ Kotlinってなんだ？　　003
- ❷ なぜ今Kotlinなのか？　　005
- ❸ Kotlinの特徴　　006
- ❹ どこでKotlinは使われているのか？　　008
- ❺ まとめ　　009

第 2 章　Kotlinを始める　　011
- ❶ 最初のプログラム　　011
- ❷ すぐに始められるお手軽環境　　014
- ❸ CUIコンパイラ　　016
- ❹ IntelliJ IDEA　　020
- ❺ まとめ　　026

第 3 章　Kotlinガイドツアー　　027
- ❶ 有理数クラスの定義　　027
- ❷ メソッドの定義　　029
- ❸ イニシャライザ　　031
- ❹ 非公開プロパティとメソッド　　033
- ❺ 演算子オーバロード　　035
- ❻ メソッドのオーバロード　　037
- ❼ 拡張関数　　038
- ❽ まとめ　　040

第 4 章　基本的な文法　　　　　　　　　　　041
- ❶ 変数と基本データ型とそのリテラル　　041
- ❷ 様々なオブジェクト　　　　　　　　　049
- ❸ 条件分岐　　　　　　　　　　　　　　057
- ❹ ループ制御　　　　　　　　　　　　　061
- ❺ まとめ　　　　　　　　　　　　　　　065

第 II 部　Kotlin 文法詳解

第 5 章　関数　　　　　　　　　　　　　　　069
- ❶ 関数の定義と使い方　　　　　　　　　069
- ❷ 文を持った関数　　　　　　　　　　　071
- ❸ 名前付き引数とデフォルト引数　　　　072
- ❹ 可変長引数　　　　　　　　　　　　　073
- ❺ 再帰呼び出し　　　　　　　　　　　　074
- ❻ ローカル関数　　　　　　　　　　　　077
- ❼ 結果を返さない関数　　　　　　　　　078
- ❽ まとめ　　　　　　　　　　　　　　　080

第 6 章　第一級オブジェクトとしての関数　081
- ❶ 関数オブジェクト　　　　　　　　　　081
- ❷ 関数型　　　　　　　　　　　　　　　083
- ❸ 高階関数　　　　　　　　　　　　　　084
- ❹ ラムダ式　　　　　　　　　　　　　　087
- ❺ クロージャ　　　　　　　　　　　　　090
- ❻ インライン関数　　　　　　　　　　　092
- ❼ 非ローカルリターンとラベルへのリターン　095
- ❽ 無名関数　　　　　　　　　　　　　　097
- ❾ まとめ　　　　　　　　　　　　　　　098

第 7 章　オブジェクトからクラスへ　　　　099
- ❶ オブジェクトの生成　　　　　　　　　099
- ❷ インタフェース　　　　　　　　　　　102
- ❸ プロパティ　　　　　　　　　　　　　107
- ❹ クラス　　　　　　　　　　　　　　　109
- ❺ まとめ　　　　　　　　　　　　　　　111

第 8 章　クラスとそのメンバ　　113

- ❶ クラスの定義とインスタンス化　113
- ❷ メソッド　115
- ❸ プロパティ　116
- ❹ this　120
- ❺ コンストラクタとイニシャライザ　121
- ❻ エクステンション　124
- ❼ まとめ　126

第 9 章　継承と抽象クラス　　127

- ❶ クラスの継承　127
- ❷ メンバのオーバライド　130
- ❸ スーパタイプとサブタイプ　132
- ❹ Any　133
- ❺ 抽象クラス　134
- ❻ 可視性　136
- ❼ まとめ　141

第 10 章　インタフェース　　143

- ❶ インタフェースの定義と実装　143
- ❷ デフォルト実装とコンフリクトの回避　146
- ❸ インタフェースの継承　149
- ❹ デリゲーション　150
- ❺ まとめ　155

第 11 章　ジェネリクス　　157

- ❶ ジェネリクスの導入　157
- ❷ ジェネリック関数　160
- ❸ ジェネリック制約　161
- ❹ 変位指定　162
- ❺ スター投影　167
- ❻ 具象型　168
- ❼ まとめ　169

第 12 章　Null安全　　171

- ❶ Javaにおけるnull　171
- ❷ Null安全という答え　174
- ❸ スマートキャスト　176

- ❹ 安全呼び出し　178
- ❺ !!演算子　180
- ❻ エルビス演算子　181
- ❼ 安全キャスト　183
- ❽ 注意　184
- ❾ まとめ　185

第13章　その他の話題　187
- ❶ 演算子オーバロード　187
- ❷ 等価性　190
- ❸ 中置呼び出し　192
- ❹ 分解宣言　194
- ❺ データクラス　196
- ❻ ネストしたクラス　199
- ❼ オブジェクト式　200
- ❽ オブジェクト宣言　202
- ❾ コンパニオンオブジェクト　203
- ❿ 代数的データ型　205
- ⓫ 例外　211
- ⓬ メソッドの関数オブジェクト　213
- ⓭ 委譲プロパティ　215
- ⓮ アノテーション　217
- ⓯ まとめ　218

第Ⅲ部　サンプルプログラミング

第14章　AndroidアプリをKotlinで作る　221
- ❶ はじめに　221
- ❷ 開発環境の構築　224
- ❸ プロジェクト作成　230
- ❹ まとめ　235

第15章　UIを作成する　237
- ❶ 対象データの定義　237
- ❷ 記事ビュー　243
- ❸ 記事ビューのリスト表示　251

❹ 記事詳細画面 255
❺ 検索用UIの追加 264
❻ まとめ 266

第16章 Web APIを利用する 267
❶ Retrofit 267
❷ 検索ボタンのタップ時の処理 273
❸ まとめ 281

第17章 テストを実施する 283
❶ Espresso 283
❷ Dagger2 288
❸ モックを差し込んでテスト 294
❹ まとめ 299

第18章 別のアプローチ 301
❶ Kotter Knife 301
❷ Kotlin Android Extensions 304
❸ Data Binding 306
❹ Anko 312
❺ まとめ 317

Appendix

補促 Hint & Tips 321
❶ リフレクション 321
❷ 演算子オーバロード 325
❸ Javaとの相互運用性 327
❹ 訳語原語対応表 335
❺ 参考文献、URL 337
❻ コミュニティと勉強会 339

索 引 340

第 I 部

初めての Kotlin

第 I 部 初めての Kotlin

第 1 章
ようこそ！
Kotlinの世界へ

第 2 章
Kotlinを始める

第 3 章
Kotlin
ガイドツアー

第 4 章
基本的な文法

第1章 ようこそ！Kotlinの世界へ

本章では、プログラミング言語Kotlinの概要を紹介します。「そもそもKotlinとは何か？」という話題から始め、今Kotlinを採用する理由、Kotlinの特徴について解説します。また最後に、Kotlinを実際の業務で使っている企業や領域を簡単に紹介します。

第1章-1 Kotlinってなんだ？

Kotlin（ことりん）は新しいプログラミング言語です。2011年7月、カリフォルニアで開かれたJVM Language Summitというイベントの中で初めて登場しました。発表したのは、「IntelliJ IDEA」[*1]などのIDE（Integrated Development Environment：統合開発環境）製品の開発元として有名なJetBrains社[*2]でした。

[*1] https://www.jetbrains.com/idea/
[*2] https://www.jetbrains.com/

そして2016年2月15日、バージョン1.0として正式にリリースされました！　これは、言語仕様が安定し、将来の変更に対して後方互換を維持する準備ができたことを意味します。Apache 2.0ライセンスの下、OSS（Open Source Software）としてソースコードが公開されています[*3]。

Kotlinで書かれたコードは、JVM（Java Virtual Machine：Java仮想マシン）上で動作するJavaバイトコード（おなじみのclassファイル）へコンパイルされます。つまり、Javaが動作する環境でKotlinプログラムを実行させることが可能です。このようなプログラミング言語のことを**JVM言語**と呼ぶことがあります。さらにKotlinは、Android上での動作もサポートしており、ここ数ヵ月の間に（2016年6月現在）、Kotlinを使ってAndroidアプリを開発する人が急増しているように感じます。

Kotlinとは要するに、Javaの代替となるプログラミング言語であると言うことができます。

[*3] https://github.com/JetBrains/kotlin

第1章

2 なぜ今Kotlinなのか？

　すでに世の中には、無数のプログラミング言語があふれ返っています。その中でもJavaは、有力な選択肢となり得ます。Javaが動作する仮想マシンJVMは、高性能で高信頼性を備え、非常に魅力的です。また、歴史が長く利用人口も多いです。そしてJavaのための資産として、ライブラリやフレームワーク、ツールなどが豊富に存在します。

　しかしその一方、Javaは言語として様々な問題を抱えているのも事実でしょう。例えば記述の冗長さ、型安全性の問題、後方互換の維持などです。「このような問題から解放されたい」という思いから、近年多くのJVM言語、すなわちJavaの代替言語が登場し、注目を集めています。

　その中からKotlinが選ばれるのは、なぜでしょうか。まず、KotlinはJavaよりもシンプルかつ安全に設計されています。そして、競合となる他のJVM言語も意識されています。「実用的な表現力を維持しつつ、Scalaよりも簡潔にしている」とJetBrains社は主張しています。Kotlinは、Java経験者にとっての学習コストが小さく、Javaで陥りがちなミスを未然に防いでくれる言語設計なので、業務利用の開発言語として非常に適していると筆者は考えます。

　特に今、KotlinはAndroidアプリ開発の現場で、強く求められている印象を受けます。なぜなら、Androidアプリを開発するための言語としてはJava SE 6の文法が主流であり[*4]、Java SE 8から導入されたラムダ式やStream APIといったイマドキの文法や機能をサポートしていないからです。Kotlinはラムダ式のような文法や、コレクション即ちListやMap等のコンテナをはじめ、便利で簡単な操作を提供していることが強みです。

[*4] Java SE 7以降の文法を使うこともできますが制約があります。

第1章 — 3

Kotlinの特徴

簡潔、安全、JVM言語、静的型付け、オブジェクト指向、関数型プログラミング……、これらはKotlinを説明するときの常套句ですが、どれもKotlinの特徴を端的に表しています。ひとつずつ見ていきましょう。

3.1 簡潔

Kotlinは2つの面で「簡潔」です。コードの見た目と、そのはたらきです。

Kotlinには、例えばセミコロンや型の指定を省略できたり、if-elseが式であったり、データクラスや拡張関数のような機能を提供したりといった、コードをシンプルに保つための工夫が随所に盛り込まれています。そして記述されたコードは、直感そのままに動くでしょう。つまりKotlinは暗黙的に何かを行うことを嫌います。これはよいことです。可読性が増し、メンテナンスのコスト低減を期待できます。

さらに、簡潔であることで学習コストが小さく、プログラマの習熟レベルの違いによるコードのばらつきを小さく抑えることができます。

3.2 安全

KotlinはJavaよりも「安全」に設計されています。Kotlinには、よくあるプログラミングミスを未然に防ぐための仕組みが備わっているということです。

型やnullの扱いが厳格です。例えば、キャストやnullのデリファレンスによる実行時例外が起こることは稀です。特にnullにまつわる安全性確保の仕組みを「Null安全」と言います。これらについては第II部で詳しく解説します。

3.3 JVM言語

KotlinはJVM言語です。Kotlinプログラムは、JVMやJava用のライブラリ、フレームワークといった資産をそのまま使えることを意味します。

さらにJetBrains社は、「KotlinとJavaの相互運用性は100%である」と謳っています。つまり、Javaで記述されたプログラムを、Kotlinで記述したプログラムから使用することと、その逆が可能であるということです。

3.4 静的型付け

KotlinソースコードはJavaバイトコードに変換（コンパイル）されます。コンパイラは、コンパイル時にソースコードの誤りを発見すると、Javaバイトコードを生成しません。そのためプログラマは、バグを早い段階で発見でき、安全なプログラムを作ることができます。

3.5 オブジェクト指向

Kotlinはクラスベースのオブジェクト指向言語です。Javaのように、定義されたクラスからインスタンスを生成することができます。しかしJavaと異なり、Kotlinにはプリミティブ型——intやcharなど——はなく、すべてがオブジェクトであり、一貫した扱い方が可能です。また、プロパティやオブジェクト宣言、拡張関数など、Javaにはない便利な機能が多数提供されています。

3.6 関数型プログラミング

Kotlinには第一級オブジェクトとしての関数があります。つまり、関数を数値や文字列など他の値のように関数の引数として渡したり、戻り値として受け取ったりすることが可能です。これにより、より粒度の小さい単位で再利用が可能になり、抽象的なプログラミングが可能になります。

このことは、Kotlinの簡潔さを実現している仕組みのひとつです。しかしこれは関数型プログラミングの一要素に過ぎず、Kotlinは関数型言語ではありません。

第 1 章 ── 4

どこでKotlinは使われているのか？

　Kotlinの公式サイト[*5]では、実際にKotlinを採用している企業が紹介されています。例えばユニークなプレゼンテーションソフトウェアで有名なPrezi社では、データ処理やサービス開発にKotlinを使っているようです。

　国内にもKotlinの導入実績がいくつかあります。サイバーエージェント社の映像視聴Androidアプリ「FRESH! by AbemaTV」や、Sansan社の名刺アプリ「Eight」のAndroid版などはKotlinで開発されています。

　こうした事例は、これからどんどん増えていくことでしょう。また、Kotlinを使っていることをアピールしたり、Kotlin経験者を優遇することを匂わせる求人広告も目にするようになりました。

[*5] https://kotlinlang.org/

5 まとめ

- KotlinはJetBrains社が開発しているプログラミング言語です。
- KotlinはJVM上で動作するJVM言語で、さらにAndroidもターゲットにしています。
- KotlinはJavaなどと比較し、シンプルで安全、表現力豊かになるよう設計されています。
- Kotlinは関数型プログラミングの要素を少し取り入れた静的型付けオブジェクト指向言語です。
- Kotlinの採用実績は国内外に広がっています。
- 特にAndroidアプリ開発での採用が目立ちます。

第2章 Kotlinを始める

本章では最初に、KotlinによるHelloWorldプログラムのコードを紹介します。Javaとの対比を通じ、早くもKotlinの特徴が見えてきます。そのあとにいくつかの開発環境を紹介して、Kotlinプログラミングを始める準備をします。

第2章-1 最初のプログラム

ここまでKotlinについて言葉で紹介してきましたが、早く実際のコードを見たくてうずうずしている読者も多くいらっしゃるでしょう。では、最初のKotlinコードをご覧に入れます。K&Rに敬意を表して、世界に挨拶します。

Hello, world! リスト2.1

```
1: /* はじめてのプログラム */
2: package sample
3:
4: fun main(args: Array<String>) {
5:     println("Hello, world!")
6: }
```

第 2 章

リスト2.1は、「Hello, world!」という文字列（と改行文字）を標準出力に書き出すだけの完全なプログラムです。あなたがJavaの経験者であれば、あまりのシンプルさに驚いたのではないでしょうか。この単純なコードからもKotlinの文法を窺い知ることができます。

1.1 関数はクラスに属する必要はない

2行目にキーワード`package`がありますが、これはJavaと同様に名前空間の宣言を表します。そして4行目で、いきなり`main`という名前の関数（function）の定義が始まっていることに注目してください。Kotlinでは、どのクラスにも属さない関数や変数が許可されているのです。

1.2 関数定義は`fun`

関数定義のために用意されているキーワードは`fun`です。Kotlinプログラムのエントリポイントとなる関数は、関数`main`のようなシグネチャ（signature）を持つ関数です。

1.3 型は変数名の後に

`args`は変数（variable）です。正確には仮引数（parameter）です。`args`の後にコロン（:）を挟んで`Array<String>`と記述されていますが、これが`args`の型（type）です。Javaと異なりKotlinでは、変数の型は名前の後に書きます。

1.4 文末にセミコロン不要

`println("Hello, World!")`という記述があります。関数`println`を呼び出しています。ご想像どおりこの関数は、標準出力にダブルクォート（"）で囲った文字列と改行文字を出力するという動作をします。その後にJavaではセミコロン（;）を打っていましたが、Kotlinでは不要です（セミコロンがあっても問題はありません）。

コメントのスタイルはJavaと同様

　行頭に/*と*/で囲った文字列がありますが、この範囲はコメント（注釈）であり、プログラムコードの解釈や実行には影響しません。//は、この登場から行末までをコメントとします。リスト2.1の/* **はじめてのプログラム** */は、// **はじめてのプログラム**と書いても同じということです。本書では、サンプルコードの説明の際に//を使用したコメントを多く使用しています。

第2章 すぐに始められるお手軽環境

ではさっそく、Kotlinコードを実行してみましょう。まずは、すぐに始めることができる「Try Kotlin」という環境を紹介します。Webブラウザで次のURLを開いてください。

`http://try.kotlinlang.org/`

図2.1のようなページが開きます。ここではKotlinコードを編集したり、実行したりできます。初めて訪れたときには、エディタ部分にHelloWorldプログラムが入力された状態になっています。

図2.1

Try Kotlin

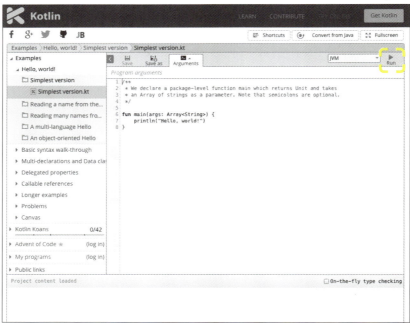

エディタの右上にある「Run」ボタンをクリックすると、エディタに記述されているコードが実行されて、エディタ下部にあるコンソールに実行結果が出力されます。

Try Kotlinのエディタは、IDEのようにメンバ名の補完をしてくれます。例えば**"Hello, world!"**の直後にドット（.）を置いてcommand＋スペース（あるいはCtrl＋スペース）をタイプします。すると図2.2のように、利用可能なメンバ一覧が表示されます。

図2.2

メンバ名を補完できる

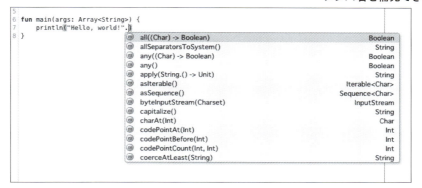

第 2 章

3 CUIコンパイラ

ご使用のマシンのOSがOS Xの方は、おなじみのHomebrewで簡単にインストールすることができます。Homebrewをインストールしていない方は、下記URLのサイトの説明に沿ってインストールしてください。

http://brew.sh/index.html

既にHomebrewをインストール済みの方は、ターミナルを開き、下記コマンドを実行してformulaを更新します。

```
$ brew update
```

KotlinのCUIコンパイラをインストールするには、下記コマンドを実行してください。

```
$ brew install kotlin
```

SDKMAN!をご使用の方は、「`sdk install kotlin`」とコマンドを実行すれば、インストールすることができます。

Kotlinコンパイラのインストールが完了したことを確認しましょう。下記コマンドを実行すると、Kotlinコンパイラのバージョンが表示されます。バージョンも併せて確認しましょう。「version 1.0.2」という文字列が含まれていればOKです。

```
$ kotlinc -version
info: Kotlin Compiler version 1.0.2
```

Homebrewを使えない環境の方は、下記URLのKotlin公式サイトから、ダウンロードページへ遷移し、ZIPファイルをダウンロードしてください。執筆時現在のファイル

名は「kotlin-compiler-1.0.2.zip」です。

```
https://kotlinlang.org/docs/tutorials/command-line.html
```

ダウンロードしたZIPファイルを展開して得られたkotlincディレクトリの中に、binディレクトリがあります。この中に、コンパイラ本体である「kotlinc」が含まれています（Windowsをご使用の方はkotlinc.batを使うことになります）。このディレクトリへのパスを通しておくと便利でしょう。

3.1 REPL

Kotlinコンパイラは単純なコンパイル機能（即ちソースファイルを入力して、実行バイナリファイルを出力する機能）だけでなく、REPL機能も備えています。REPL（Read-Eval-Print Loop）とは、対話型評価環境と言われる、対話的にプログラムを評価・実行し、結果を表示してくれるツールのことを指します。REPLの起動は簡単です。下記コマンドを実行するだけです。

```
$ kotlinc
```

REPLが起動すると、図2.3のような画面になります。

図2.3

REPL起動直後の画面

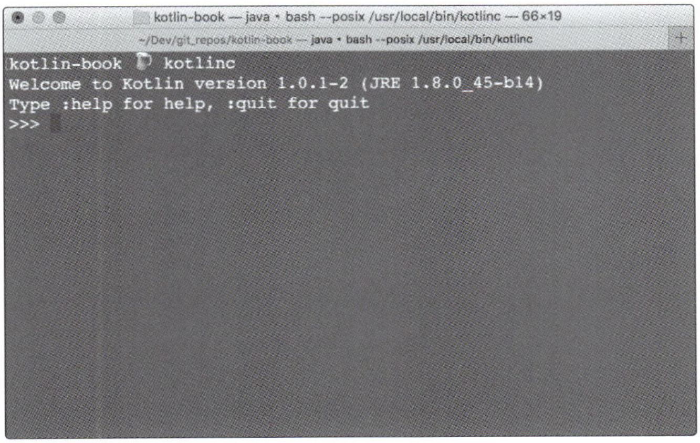

`>>>`は、REPLのプロンプトです。ここにKotlinコードを記述し、Enterキーを叩けば、それが実行され、結果が表示されます。試しに、単純な計算をしてみましょう。

```
>>> 1 + 2
3
>>> 3 * 4
12
>>> 5.0 / 2.0
2.5
>>> :quit
$
```

REPLを終了するには、`:quit`コマンドを入力、実行します。

REPLは、ちょっとした実験をしてみたいときに役立ちます。本書でもしばしば、REPLを使用して、コードとその評価結果を示しています。ただし、REPLではその造り上、期待する動作をしないこともあるので、そのようなときには、次に解説するコンパイルか、IntelliJ IDEA、または先に紹介したTry Kotlinを使用してください。

3.2 コンパイルと実行

コンパイルの方法を説明します。本書におけるコンパイルとは、Kotlinソースファイルを読み込み、実行バイナリファイル（jarファイル）を生成するまでの一連の処理を指します。

まずは、Kotlinソースファイルを準備しましょう。Kotlinのソースファイルは、他のプログラミング言語のソースファイルと同様に、中身は単なるプレーンテキストです。拡張子は「kt」です。お好きなテキストエディタでリスト2.1の内容を記述し、そのファイルを「HelloWorld.kt」という名前で保存してください。

そして、下記のコマンドでコンパイルを実行します（カレントディレクトリからkotlincとHelloWorld.ktが見えていることが前提です）。

```
$ kotlinc HelloWorld.kt -include-runtime -d HelloWorld.jar
```

オプション`-d`で、出力するファイル名を指定します。オプション`-include-runtime`は、生成されるjarファイルにKotlinのランタイムライブラリを含めることを指示しています。コマンドを実行後、画面に何も表示されずに処理が返れば、コンパイル成功です。カレントディレクトリにHelloWorld.jarという名前のファイルが生成されているはずです。

通常の実行可能jarファイルと同じように、`java`コマンドで実行します。期待どおり「Hello, world!」と画面に表示されることを確認してください。

```
$ java -jar HelloWorld.jar
Hello, world!
```

第 2 章

4 IntelliJ IDEA

「IntelliJ IDEA」は、Kotlinの開発元であるJetBrains社が開発しています。このIDEを使用すると、Kotlinプログラミングが捗るでしょう。

IntelliJ IDEAには、無償版の「Community」エディションと、有償版の「Ultimate」エディションがあります。Kotlinプログラミングはどちらでも可能です。本章では、Communityエディションを使用して説明します。

下記のURLから、インストールに必要なファイル（OS Xならdmgファイル、Windowsならexeファイル）をダウンロードしてください。

https://www.jetbrains.com/idea/#chooseYourEdition

ダウンロードが完了したら、インストールし、IntelliJ IDEAを起動してください。起動後の画面は図2.4のようになります（途中、チュートリアル画面が表示されたらスキップしてください）。

図2.4 IntelliJ IDEA起動後の画面

IntelliJ IDEA上でKotlinプログラミングを行うためには、Kotlinプラグインが必要になります。現行のIntelliJ IDEAには、Kotlinプラグインがプリインストールされていますが、バージョンが古い場合があるので、プラグインを更新しましょう。画面右下の「Configure」から「Plugins」を選択してください。すると、インストール済みプラグイン一覧が表示されるので、「Kotlin」を選択し、画面右側に表示される「Update」ボタンをクリックします（図2.5）。ダウンロードが始まるので、完了したらIntelliJ IDEAを再起動してください。

図2.5
Kotlinプラグインの更新

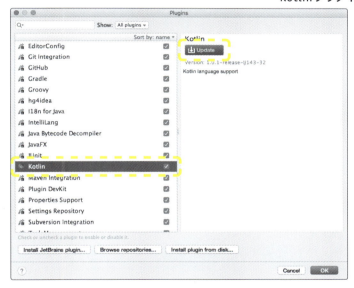

それでは早速、Kotlinプログラミングを始めるべく、新規プロジェクトを作成してみましょう。まずは「Create New Project」をクリックします。プロジェクトのタイプを選択する画面が表示されるので、左側からは「Kotlin」を選択し、右側からは「Kotlin (JVM)」を選択して「Next」ボタンをクリックします（図2.6）。

第2章

図2.6
Kotlinプロジェクトの作成

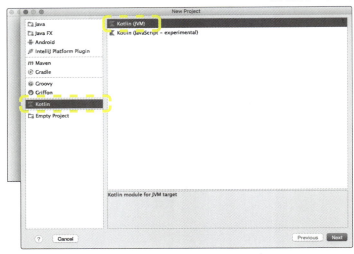

　次の画面では、プロジェクトの各設定を入力していきます。Project nameには「HelloWorld」と入力し、Project locationは自動的に決定されるパスにしておきます。Project SDKは、右側の「New…」ボタンを押して、JDKのパスを指定してください。Kotlin runtimeは、右側の「Create…」ボタンを押します。ダイアログが表示されるので、そのまま「OK」ボタンを押します。

　ここまでの操作を終えると、図2.7のような画面になっているはずです。最後に「Finish」をクリックするとプロジェクトが作られ、エディタが開きます（図2.8）。

図2.7

プロジェクトの設定

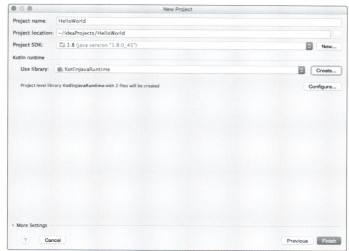

図2.8

エディタ起動

　画面左側のツリーを展開すると、srcディレクトリがあることがわかります。ここを選択してコンテキストメニューを開き、「New」→「Kotlin File/Class」を選択します[*1]。ファイル名を質問してくるダイアログが表示されるので、「HelloWorld」と入力し「OK」ボタンをクリックします。srcディレクトリ配下にHelloWorld.ktファイルが生成されると同時に、画面右側にはHelloWorld.ktファイルの編集画面が表示されます。

---

*1　WindowsおよびLinuxでは、「File」→「New」→「Kotlin File/Class」を選択します。

リスト2.1の内容を記述してみましょう（図2.9）。

図2.9
ソースファイル編集画面

コンパイルして実行するには、メニューから「Run」→「Run…」を選択します。対象クラスを質問されるので、「sample.HelloWorldKt」になっていることを確認してEnterキーを叩きます（図2.10）。すると画面下に実行結果が表示されます（図2.11）。

図2.10
対象クラスを選択してコンパイル＆実行

図2.11

実行結果

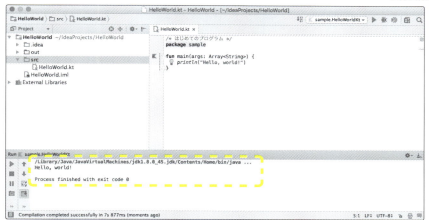

第2章 ─────── 5

まとめ

　本章では、KotlinのHelloWorldを通じて、少しだけKotlinの文法の特徴に触れました。また、いくつかの開発環境を紹介しました。お気に入りの環境でKotlinを試してみてください。

- 関数は、パッケージレベルに定義できます（クラスに属する必要はありません）。
- 変数や引数の型は後置です。
- 文末にセミコロンが不要な場合があります。
- コメントのスタイルはJavaと同様です。
- Try Kotlinと呼ばれる、Webブラウザですぐに使用開始できる開発環境を紹介しました。
- CUIコンパイラは、HomebrewやSDKMAN!で簡単にインストールできます。
- CUIコンパイラには、REPL（対話型評価環境）という機能も備わっています。
- IntelliJ IDEAは、Kotlinで本格的な開発を行う上で便利な機能を提供してくれるIDEです。

第3章 Kotlinガイドツアー

本章では、Kotlinの世界をガイド付きのツアーで楽しみます。細かい話題には踏み入らず、Kotlinの雰囲気を掴むのが狙いです。題材とするのは有理数（分数）クラスです。これは、Scalaの入門書として名高い『Scalaスケーラブルプログラミング』[*1]からヒントを得ています。有理数クラスをKotlinでどのように表現していくかを、駆け足で見ていきます。詳しい解説は第II部に譲ることにします。肩の力を抜いてください。では、出発しましょう。

第3章-1 有理数クラスの定義

まず、有理数（分数）を表現するクラスとして、**Rational**を実装していきます。有理数はご存知のとおり、分子（numerator）と分母（denominator）を用いて表される数値です。分子と分母をプロパティとして持つクラス**Rational**を定義してみましょう（リスト3.1）。

[*1] Martin Odersky・Lex Spoon・Bill Venners 著、羽生田栄一監修、水島宏太寄稿、長尾高弘訳『Scalaスケーラブルプログラミング第2版』、2011年、インプレスジャパン

第 3 章

1 有理数クラスの定義

> **クラスRationalの定義** リスト3.1
> ```
> class Rational(val numerator: Int, val denominator: Int)
> ```

　たったのこれだけです。分子と分母はそれぞれ、「プライマリコンストラクタ」（primary constructor）と呼ばれるコンストラクタの引数として渡されます。

　プライマリコンストラクタの引数は、名前の前に**var**または**val**を置くことでプロパティ（property）となります。Kotlinにおけるプロパティとは、Javaで言うところの「フィールド（field）とゲッター（getter）、セッター（setter）が合わさったもの」と考えるとよいでしょう。**var**は変更可能、**val**は変更不可能な変数やプロパティを定義するために使います。この例の場合、**val**を使用しているので、（変更するための）セッターは提供されません。

　分子も分母も**val**で定義されているので、一度生成された**Rational**のインスタンスは生涯その状態が変更されることはありません。これは我々が知っている数学の有理数と同じであり、イミュータブル（immutable、不変）です。

　今のところ、**Rational**は分子と分母を持っているだけです。メソッドなどは持っていないので、何もしません。クラスの本体コードを記述しないのであれば、無理に**{**や**}**のような波括弧（brace）を付ける必要はありません。

　さて、実際に**Rational**をインスタンス化して、プロパティにアクセスしてみましょう。ここではREPLを使います。

```
>>> class Rational(val numerator: Int, val denominator: Int)
>>> val half = Rational(1, 2)
>>> half.denominator
2
```

　このコマンドでは、**Rational(1, 2)**で**Rational**のインスタンスを生成しています。**numerator**には**1**がセットされ、**denominator**には**2**がセットされたインスタンスが生成されるはずです。そして、このインスタンスに**half**という名前を付けています。**half.denominator**と記述することで、**half**──**Rational(1, 2)**のインスタンス──のプロパティ**denominator**を参照しています。この評価結果として**2**がREPLに表示されます。

第 3 章

メソッドの定義

halfをREPLで評価すると、どのような値が表示されるのでしょうか。

```
>>> half
Line1$Rational@79698539
```

おっと、これは不恰好ですね。REPLで表示されるのは、対象オブジェクトのメソッド`toString`を呼び出して、返ってきた文字列です。クラス名とハッシュコードの16進表記が返ってきていることがわかります。これはJavaの`Object#toString`の実装そのままですね。『Effective Java』[※2]の教えに従い、`toString`をオーバライド（override）しましょう。

toStringをオーバライド リスト3.2
```
class Rational(val numerator: Int, val denominator: Int) {
  override fun toString(): String = "${numerator}/${denominator}"
}
```

面白い見た目になりました。メソッドシグネチャと文字列が等号（=）で結ばれています。これは「等号の右側の式がメソッドの戻り値になる」という意味です。ダブルクォート（"）で囲まれた部分は文字列リテラルを表します。文字列リテラル内の`${ ～ }`は、波括弧内の式を評価した結果の文字列表現を埋め込む機能です。

この新しい`Rational`をREPLで再定義して、そのメソッドである`toString`を試してみましょう。

※2 Joshua Bloch著、柴田芳樹訳『Effective Java 第2版』、2014年、丸善出版

```
>>> Rational(1, 2)
1/2
>>> Rational(2, 5)
2/5
```

すごくいいです。**Rational(1, 2)**が**1/2**（2分の1）ということがわかり、デバッグが捗りそうです。

第3章

イニシャライザ

Rationalオブジェクトのわかりやすい文字列表現を得たので、もう少し遊んでみましょう。

```
>>> Rational(1, 0)
1/0
>>> Rational(2, 4)
2/4
```

一見うまく事が運んでいるように見えますが、非常に残念な結果です。分母の値が0にはなってほしくありませんし、Rational(2, 4)は約分されて1/2になってほしいところです。本節では、ひとまず分母の0を禁止する方法を考えます。

Rationalのプライマリコンストラクタの引数denominatorに0が渡されたときに、Rationalインスタンスを生成しない、という戦略をとりましょう。つまり、インスタンスの初期化時に例外（exception）をスロー（throw）します。Kotlinのクラスはイニシャライザ（initializer）を持つことができ、インスタンスの初期化を行うために使用します。リスト3.3のように、キーワードinitとブロックを伴って定義します。

イニシャライザで分母0を禁止する — リスト3.3
```
class Rational(val numerator: Int, val denominator: Int) {
  init {
    require(denominator != 0, {"denominator must not be null"})
  }
  override fun toString(): String = "${numerator}/${denominator}"
}
```

initブロックの中で、Kotlinの標準ライブラリが提供する関数requireを使って、denominatorが0でないことを要求しています（要求に反した場合、IllegalArgumentExceptionがスローされます）。

試してみましょう。

```
>>> Rational(1, 2)
1/2
>>> Rational(1, 0)
java.lang.IllegalArgumentException: denominator must not be null
at Line6$Rational.<init>(line6.kts:9)
```

　期待どおり、分母が`0`のときに例外をスローして、不正な有理数を生成しないという動作を達成することができました。

第3章

4 非公開プロパティと メソッド

次は約分の問題にチャレンジしましょう。

Rationalオブジェクトは、約分された状態にしておきたいです。つまり**Rational(16, 24)**のように、コンストラクタが呼び出されて生成されたインスタンスの**numerator**は2になり、**denominator**は3になっていてほしいのです。

約分するためには、分子と分母の最大公約数（greatest common divisor）でそれぞれを割ります。

$\frac{16}{24}$の場合、分子と分母の最大公約数は8です。分子と分母をそれぞれ8で割ると$\frac{2}{3}$となり、約分完了です。

これを実際に行っているのがリスト3.4です。

約分する　　　　　　　　　　　　　　　　　　　　　　リスト3.4
```kotlin
class Rational(n: Int, d: Int) {
  init {
    require(d != 0, {"denominator must not be null"})
  }
  private val g = gcd(Math.abs(n), Math.abs(d))
  val numerator: Int = n / g
  val denominator: Int = d / g
  override fun toString(): String = "${numerator}/${denominator}"
  tailrec private fun gcd(a: Int, b: Int): Int =
    if (b == 0) a
    else gcd(b, a % b)
}
```

この例では、メソッド**gcd**を追加しています。これは2つの引数**a**と**b**の、最大公約数を返すメソッドです[*3]。このメソッドを使って、コンストラクタ引数として受け取った分子（**n**）と分母（**d**）の最大公約数を求め、プロパティ**g**にセットしています。これ

[*3] tailrecは、末尾再帰であることを表明する修飾子です。第II部で詳しく解説します。

は単に同じ計算を2回行わないためです。

　追加したメソッド **gcd** とプロパティ **g** には、修飾子 **private** が付いています。このクラスの外からはアクセスできないことを意味します。

　約分を行ってくれる **Rational** が手に入ったので、いろいろ試してみましょう。

```
>>> Rational(17, 17)
1/1
>>> Rational(55, 100)
11/20
>>> Rational(1234, 5678)
617/2839
```

第3章 ─────

5
演算子オーバロード

　Rationalオブジェクトは有理数を表現するオブジェクトですから、他のRationalオブジェクトとの間で、足し算や掛け算ができたら便利です。本節では、Rationalにメソッドplusを追加して、足し算を行えるようにします。

> メソッドplusとして足し算を定義　　　　　　　　　　　　　　　　リスト3.6

```kotlin
class Rational(n: Int, d: Int) {
  init {
    require(d != 0, {"denominator must not be null"})
  }
  private val g by lazy { gcd(Math.abs(n), Math.abs(d)) }
  val numerator: Int by lazy { n / g }
  val denominator: Int by lazy { d / g }
  fun plus(that: Rational): Rational =
    Rational(
      numerator * that.denominator + that.numerator * denominator,
      denominator * that.denominator
    )
  override fun toString(): String = "${numerator}/${denominator}"
  tailrec private fun gcd(a: Int, b: Int): Int =
    if (b == 0) a
    else gcd(b, a % b)
}
```

　繰り返しになりますが、Rationalはイミュータブルです。plusによる計算では、元のオブジェクトに変化はありません。新しいRationalインスタンスを生成して返します。

　実際に使ってみましょう。

第 3 章　　　　　　　　　　　　　　　　　　　　　5 演算子オーバロード

```
>>> Rational(1, 4).plus(Rational(1, 2))
3/4
>>> Rational(1, 3).plus(Rational(4, 7))
19/21
```

うまく動いているようです。

　plusはメソッドとして定義され、普通の記法で呼び出されています。単純な数値計算——**4 + 2**——のような記法が使えたら、読みやすくなりそうです。幸運なことに、Kotlinは演算子オーバロード（operator overload）と呼ばれる機能を提供しています。例えばこのメソッド**plus**を、記号**+**を使って呼び出すことができるのです。リスト3.7のように、メソッド**plus**に修飾子**operator**を付けたバージョンを、既存の**Rational**に組み込んで、REPLで確認してみましょう。

演算子オーバロード　　　　　　　　　　　　　　　　　　　　　　　リスト3.7
```
operator fun plus(that: Rational): Rational =
  Rational(
    numerator * that.denominator + that.numerator * denominator,
    denominator * that.denominator
  )
```

```
>>> Rational(1, 2) + Rational(1, 5)
7/10
>>> Rational(1, 6) + Rational(1, 3) + Rational(1, 2)
1/1
```

　すごく恰好よくなりました。演算子オーバロードに対応しているメソッドシグネチャは、あらかじめ決まっています。第Ⅱ部で詳しく解説します。

第3章 6 メソッドのオーバーロード

メソッドplusの定義により、有理数同士の足し算ができるようになりました。しかし、有理数と整数の足し算はまだできません。Rational(1, 2) + 1のような計算をするために、引数にIntを取るバージョンのplusをRationalに追加しましょう（リスト3.8）。

メソッドplusのオーバーロード　　　リスト3.8
```kotlin
operator fun plus(n: Int): Rational =
  Rational(numerator + n * denominator, denominator)
```

メソッド本体をthis + Rational(n, 1)と記述しても、同じ結果を得ることはできます。しかし、無駄なインスタンス生成や計算を行うことを避けるため、リスト3.8のようなアプローチをとりました。

メソッドplusのように同名で、しかし引数の数や型が異なるメソッドを複数定義することができます。これをオーバーロード（overload）と言います。

```
>>> Rational(1, 4) + 1
5/4
>>> Rational(1, 1) + 2
3/1
```

拡張関数

以上で、`Rational(1, 2) + 1`を可能にする`plus`が手に入りました。`1 + Rational(1, 2)`を計算できたら、もっと嬉しいですね。しかし、残念ながら`Int`には、`Rational`を引数に取るメソッド`plus`は定義されていません。`Rational`は本章で自作したクラスですから、当然ですね。では、どうすればよいのでしょうか？

拡張関数（extension function）を定義しましょう。これは、既存のクラスやインタフェースに追加されたメソッドのように見える関数です。`Int`に対する拡張関数として、`Rational`を引数に取る`plus`を追加してみましょう。ここまでのすべてのコードを、リスト3.9に示します。

Intに対する拡張関数を定義する　　リスト3.9

```kotlin
class Rational(n: Int, d: Int) {
  init {
    require(d != 0, {"denominator must not be null"})
  }
  private val g by lazy { gcd(Math.abs(n), Math.abs(d)) }
  val numerator: Int by lazy { n / g }
  val denominator: Int by lazy { d / g }
  operator fun plus(that: Rational): Rational =
    Rational(
      numerator * that.denominator + that.numerator * denominator,
      denominator * that.denominator
    )
  operator fun plus(n: Int): Rational =
    Rational(numerator + n * denominator, denominator)
  override fun toString(): String = "${numerator}/${denominator}"
  tailrec private fun gcd(a: Int, b: Int): Int =
    if (b == 0) a
    else gcd(b, a % b)
}

operator fun Int.plus(r: Rational): Rational = r + this
```

最後の行が、**Int**に対する拡張関数の定義です。有理数の足し算は、交換法則を満たすので、拡張関数**plus**の中では、既に定義している**Rational**のメソッド**plus**を使用して、足し算を行っています。リスト3.9のコードをREPLに流し込んで、うまく動作するか確かめてみましょう。

```
>>> 3 + Rational(2, 1)
5/1
>>> 1 + Rational(1, 2) + 2
7/2
```

すごく面白いですね！　演算子オーバロードと拡張関数を用いれば、**Rational**と**Int**や**Double**などの四則演算すべてを定義することが可能です。

第 3 章 — 8

まとめ

　Kotlinのガイドツアーはいかがでしたか？　素晴らしい景色をいくつもご覧にいれることができたと思います。わからないことがあっても大丈夫です。「Kotlinすごそう！」「面白そう！」と感じることができたら大成功です。詳しい解説は、次章から始まります。

　第Ⅱ部は、よりエキサイティングになります。すべて読み終えたら、再び本章へ戻ってみてください。ここで実装した有理数クラスには、Kotlinならではのアイデアがぎっしり詰まっていることがわかると思います。

- Kotlinにおけるクラス定義の方法を学びました。
- クラスはプロパティやメソッド、イニシャライザを持つことができます。
- 演算子オーバロードを使って、メソッド呼び出しを、直感的な記法に置き換えました。
- 既存の型にメソッドを追加するような機能を用い、拡張関数を定義してみました。

第 4 章 基本的な文法

本章では、Kotlinの基本的な文法を学びます。整数や浮動小数点数、文字、文字列などのリテラルとそのデータ型。リストやマップなどのコレクション、レンジのような、よく使うオブジェクト。そして、条件分岐やループといった制御構文が対象です。本書を読み進める上での基礎的な知識となります。

第 4 章 - 1

変数と基本データ型とそのリテラル

1.1 リテラル

リテラル（literal）は英語で「文字どおりの」という意味です。プログラミングにおいては、ソースコードの中に直接記述するデータのことを指します。例えば、**27**は整数データで「27」という数値を表します。**"Kotlin"** は「Kotlin」という文字列データを表します。REPLを使って確かめてみましょう。

```
>>> 27
27
>>> "Kotlin"
Kotlin
>>> Tokyo
error: unresolved reference: Tokyo
Tokyo
^
```

　REPLは、入力された式を評価し、その結果を表示してくれるのでした。**27**を入力すると、そのまま結果が返ってきました。**"Kotlin"**を入力すると、前後のダブルクォート「"」が外れて「Kotlin」と表示されました。最後に**Tokyo**と入力すると、エラーメッセージが表示されました。「unresolved reference」は、参照が解決できないときのエラーメッセージですが、少なくとも、**Tokyo**を何かのリテラルだとは認識してくれないようです。

　Kotlinでは、リテラルが用意されているデータは、あらかじめ決まっています。整数や文字列はその一部です。ほかには浮動小数点数、文字、真理値、オブジェクト、関数などがあります。それらには、対応する**データ型**（data type）が存在します（単に**型**（type）と呼ぶこともあります）。例えば、整数には**Int**や**Long**などの型があります。文字列には**String**という型があります。

1.2 数値型

Kotlinにおける基本数値型と、ビット幅、リテラルの対応を表4.1に示します。

表4.1 数値型

型	種類	ビット幅	リテラル例
Double	浮動小数点数	64	123.4 123.4e5
Float	浮動小数点数	32	123.4f 123.4F
Long	整数	64	1234 1234L
Int	整数	32	1234 0xAB 0b1001
Short	整数	16	1234 0xAB 0b1001
Byte	整数	8	123 0x0F 0b1001

浮動小数点数である**Double**を表現するリテラルは、小数点のドットを含む数字です。または、指数表現を使うこともできます。つまり10の何乗かという情報を「**e + 数字**」で表します。Javaと異なり、接尾辞**d**によって**Double**を明示することはできません。

```
>>> 123.4
123.4
>>> 123.4e2 // 123.4 * 10の2乗
12340.0
>>> 123.4E-1 // 大文字のEも使用できる
12.34
```

整数リテラルは、日常的に使用する数字で表現できるほか、16進表現や2進表現も可能です。16進表現は、頭に**0x**を置き、続けて16進数を並べます。2進表現は、頭に**0b**を置き、続けて2進数を並べます。英字の大小は問いません。Javaと異なり、**0**を先頭にして8進数を表現する記法は使えません。

```
>>> 1234
1234
>>> 0xFF
255
>>> 0b1010
10
```

数値型には、基本的な演算が定義されています。例えば、**+**は二項演算子として働き、2つの被演算子の和を計算して返します。**-**は差、*****は積、**/**は商など、Javaと同じです。

```
>>> 1 + 2
3
>>> 1 + 2 * 3 // *が優先される
7
>>> 2.5 + 1
3.5
```

また、`<`や`>=`のような比較演算子も使えます。等価性は`==`でテストすることができます。等価性の話題については、第Ⅱ部で再度触れることにします。

```
>>> 1 < 2
true
>>> 5 == 0
false
>>> 12 <= 5 + 3 * 2
false
```

1.3 — その他の基本型

数値以外の基本型を表4.2にまとめます。

表4.2 その他の基本型

型	種類	リテラル例
Boolean	真偽値	true false
Char	文字	'a' '0' '\u592a'
String	文字列	"Hello\n" """bla bla bla"""

Booleanは2種類の値しかとらず、そのリテラルは**true**と**false**です。

Charは文字です。シングルクォート（'）で文字を括ります。**'Y'** や **'5'**、**'絵'** は文字リテラルです。また、頭に**\u**を置き、続けてユニコードを指定することでも文字リテラルとなります。

Stringは文字列で、ダブルクォート（"）で0文字以上の文字列を括ります。改行文字などのエスケープシーケンスも含めることができます（例えば**"Hello, world\n"**）。文字列については次節「様々なオブジェクト」で詳しく解説します。

```
>>> true
true
>>> false
false
>>> '9'
9
```

```
>>> '\u592a'
太
>>> "Hello"
Hello
>>> "\u592a \t \u90ce"
太	 郎
```

1.4 変数

さて、ここで**変数**（variable）を導入しましょう。変数とは、プログラムの中でデータを記憶しておくために、データに名前を付けたものです。つまり、変数にも型が付くことになります。

リテラルに名前を付けて変数と結びつけることを、**代入**（assignment）と呼びます。代入するためには、キーワード**val**を用いて、下記のような書式で記述します。

val 変数名: 型 = 式

ここでは「式」を「リテラル」と読み替えてください。リテラルを変数に代入すると、その変数を使って、元のリテラルを参照することができます。REPLで確認しましょう。

```
>>> val foo: Int = 123
>>> foo
123
>>> foo + 5
128
>>> val bar: String = "Hello"
>>> bar
Hello
```

代入するリテラルと、変数の型が不適合である場合は、コンパイルに失敗します。

```
>>> val baz: Long = "Japan"
error: type mismatch: inferred type is kotlin.String but kotlin.Long was expected
val baz: Long = "Japan"
                ^
```

第 4 章

「代入するリテラルの型が **String** であると推論されたが、ここでは **Long** を期待している」という旨のエラーメッセージが表示されました。このコードをコンパイルするためには、変数 **baz** の型を **String** に変更するか、または、代入するリテラルを **100** などの整数に変更しなければなりません。

一度変数への代入が済んだあと、別の値を同じ変数へ代入したい場合があります（本章第 4 節「ループ制御」で具体例を見ます）。そのようなときには、キーワード **val** の代わりに **var** を使用します。逆を言うと、**val** で定義した変数には、再代入することができません。このことを REPL で確認しましょう。

```
>>> var a: Int = 5
>>> a
5
>>> a = 3
>>> a
3
>>> val b: Int = 5
>>> b = 0
java.lang.IllegalAccessError: tried to access field Line5.b from class Line6
```

原則として **val** を使用し、再代入を極力避けるべきです。

「暗黙的な型変換」はしない

　ビット幅が小さい型の値を、ビット幅の大きい型の変数に代入する――Javaではそれができました。しかしKotlinでは、このような型変換は行いません。

　型**Int**のビット幅は、型**Long**のそれよりも小さく、**Int**の値は**Long**でも表現できることは確かです。しかし、この両型の間に継承関係はありません。

　では、数値の型変換を行いたい場合は、どのようにすればよいのでしょうか。各数値型と文字型には、型変換のためのメソッドが提供されています。これを用いて明示的に型変換をする必要があります。

　暗黙的な型変換が存在しないにもかかわらず、「**2 * 1.5**」のような計算が行える理由は、「演算子オーバロード」という仕組みがあるからです。

```
>>> val int: Int = 123
>>> val long: Long = int
error: type mismatch: inferred type is kotlin.Int but kotlin.Long was expected
val long: Long = int
                 ^
```

```
>>> val long: Long = int.toLong()
>>> long
123
>>> 75.toChar()
K
>>> 'A'.toInt()
65
```

1.5 型推論

`val name: String = "Taro"`のような変数の定義に、型を指定することは、冗長のように思えます。なぜなら、等号の右側、代入するリテラルから、型を導出できるからです。この例の場合、**"Taro"**というリテラルから、変数`name`の型は`String`になるだろうと推論することができます。

Kotlinコンパイラも、同じように**型推論**を行います。これにより`val name = "Taro"`と記述するだけで、変数を定義することができます。

```
>>> val name = "Taro"
>>> name
Taro
```

第 4 章

2

様々なオブジェクト

Kotlinの基本文法の説明に移る前に、Kotlinでよく登場するオブジェクトを紹介しておきます。基本文法のサンプルコードで使いたいからです。

2.1 文字列

前節で述べたとおり、文字列を表現する型は`String`です。`String`はイミュータブルです。つまり`String`オブジェクトの表す文字列を変更することはできません。

`String`リテラルは、ダブルクォートで囲った0文字以上の文字列です。文字列の構成要素である文字を、インデックスで参照することができます。例えば頭文字を参照したい場合は、`"Kotlin"[0]`と記述します。指定の位置に文字が存在しない場合は、例外をスローします。

`String`には、便利なメソッドやプロパティがたくさん定義されています。ごく一部分を表4.3にまとめます。

表4.3

Stringのメンバ（一部）

名前	説明	使用例
length	文字列の長さを返すプロパティ	str.length
capitalize	頭文字を大文字にして返すメソッド	str.capitalize()
isBlank	空文字か、空白のみで構成された文字列のときに限り`true`を返すメソッド	str.isBlank()

さて、文字列連結のトピックに移ります。次のような例を考えてみましょう。

`name`という`String`型の変数があり、誰かの名前が代入されています。仮に、`"Hanako"`が代入されているとして、`"Hello, Hanako!"`という文字列を得る方法を探ります。

まず、単純な方法は、`+`を使う方法です。`"Hello, " + name + "!"`とすれば、目的を達成できます。

もう少しスッキリしたコードになる方法が、Kotlinにはあります。文字列リテラルに式を埋め込む方法です。

文字列リテラル内には、**$**記号に続けて、波括弧で括られた部分に式を記述できます。その式が評価された結果が、文字列リテラル内に埋め込まれた文字列として、返されるわけです。今回の場合は**"Hello, ${name}!"** と記述することができます。

さらに、文字列リテラル部分と式部分の境界が推論できる場合に限り、波括弧を省略することができます。つまり、**"Hello, $name!"** と記述することができるのです。この機能をKotlinでは、**String テンプレート**（String template）と呼びます。

では、実際の動きをREPLで確認しましょう。

```
>>> val name = "Hanako"
>>> "Hello, " + name + "!"
Hello, Hanako!
>>> "Hello, $name!"
Hello, Hanako!
```

文字列の最後のトピックは、**raw string**についてです。rawは英語で、「生の」とか「未加工の」という意味の単語です。raw stringは、記述したテキストがそのまま**String**オブジェクトになる記法です。通常の文字列リテラルと異なり、トリプルクォート（**"""**、ダブルクォート3つ）で囲みます。「記述したテキストがそのまま」とはどういう意味なのか、次の評価結果でご覧にいれます。

```
>>> val name = "Hanako"
>>> """
... Hello, $name!
... """

Hello, Hanako!
```

トリプルクォート内の改行文字を含むすべての文字が、**String**の文字列となっています。ただし、Stringテンプレートの機能は、働いているようです。

raw stringを使う際には、行頭に|記号を置いて、目印にすることがしばしばあります。目印のために置いた|が、生成した文字列に含まれないようにするために、メソッドtrimMarginを呼び出します。

```
>>> """
... |It's
... |sunny
... |today.
... """.trimMargin()
It's
sunny
today.
```

2.2 配列

Javaと同じように、Kotlinには配列があります。配列はクラス**Array**により表現されます。配列の要素の型は、型引数として指定します。

要素数が5で、**Int**の配列を生成するには、標準ライブラリの関数**arrayOfNulls**を呼び出します。

```
>>> val ints = arrayOfNulls<Int>(5)
>>> ints.size
5
>>> ints[0]
null
>>> ints[0] = 123
>>> ints[0]
123
```

配列の要素数を取得するには、プロパティ**size**を使用します。要素にアクセスするには、**ints[0]**のように、インデックスを指定します。

arrayOfNullsのほかにも、配列を生成する関数が提供されています。**arrayOf**は、引数に指定した値を要素に持つ配列を生成します。

```
>>> // 要素の型から推論可能なため型引数を省略することができる
>>> val strs = arrayOf("red", "green", "blue")
>>> strs[0]
red
```

Javaのプリミティブ型に特化した配列も用意されています。ボクシング（boxing）のオーバヘッドが気になる際には、こちらの使用を検討するとよいでしょう。

```
>>> val ints: IntArray = intArrayOf(1, 2, 3)
>>> ints[0]
1
>>> val chars: CharArray = charArrayOf('a', 'b')
>>> "${chars[0]}, ${chars[1]}"
a, b
```

2.3 リスト

複数の値のコンテナとなるようなオブジェクトを「コレクション」と呼ぶことがあります。本節ではコレクションとしてリスト、セット、マップを紹介します。

リストはインタフェース **List** で表現される順序付きのコレクションです。関数 **listOf** を使用して、リストオブジェクトを生成することができます。

```
>>> val ints: List<Int> = listOf<Int>(1, 2, 3)
>>> ints
[1, 2, 3]
>>> ints.size
3
>>> ints[0]
1
```

配列と同じように、プロパティ **size** やインデックスでの要素アクセスがあります。しかし、上記の **ints** に対して要素の値を変更することはできません。**ints[0] = 5** はコンパイルエラーとなります。つまり、要素の値を変更する操作が提供されていないのです。

Kotlinではコレクションについて、ミュータブル（変更可能）なものと、イミュータブル（変更不可能）なものを区別します。インタフェース**List**は、イミュータブルなリストです[1]。ミュータブルなリストは、**MutableList**というインタフェースで表現されています。関数**mutableListOf**を使用すれば、**MutableList**のオブジェクトを生成することができます。

```
>>> val chars: MutableList<Char> = mutableListOf('a', 'b')
>>> chars
[a, b]
>>> chars[0] = 'c'
>>> chars
[c, b]
```

さらに、**MutableList**は、要素の追加や削除ができます。

```
>>> chars += 'X'
>>> chars
[c, b, X]
>>> chars -= 'X'
>>> chars
[c, b]
>>> chars.removeAt(0)
c
>>> chars
[b]
```

2.4 セット

セットは、集合を表すコレクションです。イミュータブル版はインタフェース**Set**、ミュータブル版はインタフェース**MutableSet**です。リストと同じようにそれぞれ、関数**setOf**、**mutableSetOf**でセットオブジェクトを生成することができます。

---

[1] インタフェースListがイミュータブルであるという表現は正確ではありません。インタフェースMutableListは、Listを継承しているからです。必要に応じて防御的コピーを適切に行ってください。以降のSetやMapも同様です。

```
>>> val ints: Set<Int> = setOf(1, 2, 1, 3)
>>> ints
[1, 2, 3]
>>> val chars: MutableSet<Char> = mutableSetOf('a', 'a', 'b')
>>> chars
[a, b]
>>> chars -= 'a'
>>> chars
[b]
```

セットは要素の重複がなく、例えば**setOf(1, 1)**で返されるセットは、要素が**1**のみのセットとなります。また、セットは要素の順序を保証しないので、リストのようにインデックスで要素にアクセスすることはできません。

2.5 マップ

マップは、キーと値のペアを保持するコレクションです。イミュータブル版はインタフェース**Map**、ミュータブル版はインタフェース**MutableMap**です。それぞれ関数**mapOf**、**mutableMapOf**を使って、マップオブジェクトを生成することができます。引数には、ペアを表現する**Pair**オブジェクトを渡す必要があります。

Pairオブジェクトを得るには、**to**を使います。例えば**"one" to 1**というように書きます。マップとしては、**"one"**がキー、**1**がそれに対応する値であると解釈します。

```
>>> val numberMap: MutableMap<String, Int> =
...     mutableMapOf("one" to 1, "two" to 2)
>>> numberMap
{one=1, two=2}
>>> numberMap.size
2
>>> numberMap["one"]
1
>>> numberMap["three"]
null
>>> numberMap += "three" to 3
>>> numberMap
{one=1, two=2, three=3}
```

キーと値には、それぞれ任意の型を指定することができます。上記の例では`MutableMap<String, Int>`と記述し、キーが`String`、値が`Int`となるように指定しています。`numberMap["one"]`のように、キーを指定することで、対応する値が返されます。キーに対応する値が存在しない場合、`null`が返されます。

リスト、セット、マップをまとめた表を表4.4に示します。

表4.4 コレクション

インタフェース	説明	ミュータブル	生成するメソッド
List	順序付きコレクション	×	listOf
MutableList		○	mutableListOf
Set	集合	×	setOf
MutableSet		○	mutableSetOf
Map	キーと値を保持する	×	mapOf
MutableMap		○	mutableMapOf

2.6 レンジ

Kotlinには、範囲を表す**レンジ**（range）というオブジェクトがあります。例えば、1から10までの範囲を表すレンジオブジェクトは、「`1..10`」と記述することで得ることができます。

レンジに対して、面白い操作がいくつか提供されています。演算子`in`を使用すると、ある数が、レンジオブジェクトの範囲内であるかどうかをテストすることができます。

```
>>> 5 in 1..10
true
>>> val range: IntRange = 12..15
>>> 5 in range
false
>>> 5 !in range // !inはinの否定
true
```

メソッド`toList`を使用すると、レンジオブジェクトをリストオブジェクトに変換することができます。

```
>>> (1..5).toList()
[1, 2, 3, 4, 5]
```

1..5は、1から始まり、5まで、1つずつ増えていくことがわかりました。この逆、5から始まり、1まで、1つずつ減っていくようなレンジを作ることはできるのでしょうか。5..1と記述しても期待どおりの結果は得られません。レンジオブジェクトに対して、メソッド**reversed**を使ってみましょう。

```
>>> (1..5).reversed().toList()
[5, 4, 3, 2, 1]
```

期待どおりの結果を得ることができました！ しかし実際には、このようなまわりくどい方法はとりません。「..」の代わりに**downTo**を使用します。

```
>>> (5 downTo 1).toList()
[5, 4, 3, 2, 1]
```

downToを使うと、減っていく方向のレンジを生成することができます。では、増減の間隔を変更するには、どうしたらよいでしょうか？ **step**として、刻む値を付けてやれば、思いどおりにコントロールすることができます。

```
>>> (1..5 step 2).toList()
[1, 3, 5]
>>> (100 downTo 0 step 25).toList()
[100, 75, 50, 25, 0]
```

downToや**step**は、**in**を使用したテスト結果には影響しません。この話は本章第4節「ループ制御」で再び登場するので、覚えておいてください。

条件分岐

3.1 if式

KotlinにもJavaやその他の言語と同じように、**if**を用いた条件分岐のための文法が備わっています。**if**に続けて、丸括弧で条件式を括ります。条件式の評価結果が**true**の場合に限り、直後の文、あるいは波括弧で囲まれたブロック内が実行されます。

```
>>> if (true)
...     println("Hello")
Hello
>>> if (5 in 1..10) {
...     println("wawa")
...     println("hoho")
... }
wawa
hoho
>>> if (1 + 2 < 3)
...     println("hoge")
>>>
```

elseを置くことで、**if**で指定した条件式が**true**でなかった場合（つまり**false**だった場合）に限り、実行する文、あるいはブロックを指定することができます。

```
>>> val score = 50
>>> if (score >= 60) {
...     println("合格！")
... } else {
...     println("不合格")
... }
不合格
```

第4章

Kotlinのif-elseは式です。このことは、「評価され値となる」ことを意味します。上記の合格判定のコードは、次のように書き直すことができます。

```
>>> val message = if (score >= 60) "合格！" else "不合格"
>>> println(message)
不合格
```

ifやelseがブロックをとる場合は、そのブロック内で最後に評価される式が返されます。

```
>>> val x = if (true) {
...     1
...     2
... } else {
...     3
... }
>>> x
2
```

また、elseの直後に別のif-elseを続けて、条件分岐のチェーンを形成することもできます（リスト4.1）。

if-elseチェーン　　　　　　　　　　　　　　　　　　　　　リスト4.1
```
val score = 75
val grade =
  if (score >= 90) 'A'
  else if (score >= 80) 'B'
  else if (score >= 70) 'C'
  else if (score >= 60) 'D'
  else 'F'
grade //=> C
```

3.2 when式

when式は、Javaにおけるswitch文を、強力にしたようなものです。

リスト4.2は、switch文のような使い方のwhen式です。例えばxの値が1のとき、このwhen式全体の結果は"one"となります。xの値が2または3のときは、"two or three"となります。そして、xの値が1でも2でも、3でもないときは、"unknown"となります。else部分は、わざとらしくブロックを形成していますが、ifと同様にブロック内が実行され、最後に評価される式がwhen式全体の結果となります。

原則として、値を返すようなwhen式には、elseが必須です。なお、switch文のようにbreakを記述して、条件分岐から抜けることを明示する必要はありません。

when式の単純な使い方　　　　　　　　　　　　　　　　　　　　リスト4.2
```
when (x) {
  1 -> "one"
  2, 3 -> "two or three"
  else -> {
    "unknown"
  }
}
```

「when式がJavaのswitch文よりも強力だ」と述べた理由は、分岐条件の部分に、定数以外を指定できるからです（リスト4.3）。

様々な条件で分岐が可能　　　　　　　　　　　　　　　　　　　　リスト4.3
```
when (x) {
  1 -> "one"
  myFavoriteInt() -> "favorite: $x"
  in 2..10 -> "1 <= x <= 10"
  else -> x.toString()
}
```

また、isを用いて、型チェックをすることもできます（リスト4.4）。

```
型チェックで分岐                          リスト4.4
val blank = when (x) {
  is String -> x.isBlank()
  else -> true
}
```

そしてwhen式は、先ほどのif-elseチェーン（リスト4.1）を置き換えることができます（リスト4.5）。if-elseチェーンよりもノイズが減り、目に優しいコードになります。

```
if-elseチェーンの置き換え                   リスト4.5
when {
  score >= 90 -> 'A'
  score >= 80 -> 'B'
  score >= 70 -> 'C'
  score >= 60 -> 'D'
  else        -> 'F'
}
```

第 4 章

ループ制御

4.1 whileループ

指定した条件式が**true**である限りループを続ける構文が、**while**文です。使い方はJavaのそれと同じです。リスト4.6を実行すると「Hello」と3回出力されます。

while文 / リスト4.6
```
var count = 3;
while (count-- > 0) {
  println("Hello")
}
```

do-while文もサポートしています。条件判定の前に、**do**ブロック内が実行されます。Javaのdo-while文と異なる点は、変数などのスコープです。

do-while文 / リスト4.7
```
do {
  println("Hello")
  val next = Math.random() < 0.5
} while (next)
```

リスト4.7のように、**do**ブロック内で定義した変数**next**を、**while**の条件式として指定することができます[2]。

---

[2] Math.random()は、Javaの標準ライブラリのAPIです。0.0以上1.0未満の擬似乱数を返します。

4.2 forループ

イテレータ(iterator、反復子)を提供するオブジェクトに対する繰り返しは、**for**文を使用します。**for**文の一般的な書式は、下記のとおりです。

```
for (要素名 in イテレータを提供するオブジェクト) {
    ループしたい処理内容
}
```

イテレータを提供するオブジェクトとは、例えば配列やリスト、レンジなどです。リスト4.8は配列、リスト、レンジに対して**for**ループを回しています。

for文　　　　　　　　　　　　　　　　　　　　　　　　　　リスト4.8
```
>>> for (x in arrayOf(1, 2, 3)) {
...   println(x)
... }
1
2
3
>>> val names = listOf("foo", "bar", "baz")
>>> for (name in names) {
...   println(name)
... }
foo
bar
baz
>>> for (i in 1..10 step 2) {
...   println(i)
... }
1
3
5
7
9
```

さて、イテレータを提供するオブジェクトとは、正確にはどのようなものでしょうか。それは、**iterator**という名前のメソッド(あるいは拡張関数)を持つオブジェクトです。メソッド**iterator**は、表4.5にまとめたメソッドを持つオブジェクトを返す必要があります。

表4.5

イテレータが持つべきメソッド

メソッドシグネチャ	説明
`operator fun next(): T`	繰り返し処理で、次の要素を返す。Tは任意の型
`operator fun hasNext(): Boolean`	繰り返し処理で、次の要素が存在する場合に**true**を返す

驚くべきことに、規定のメソッドさえ定義されていれば、インタフェースの実装など、その他の条件はありません。イテレータを提供するオブジェクトの実装例をリスト4.9に示します。クラス定義については第Ⅱ部で解説します。

イテレータを提供するオブジェクトの実装例　リスト4.9

```
class MyIterator {
  operator fun hasNext(): Boolean = Math.random() < 0.5
  operator fun next(): String = "Hello"
}

class MyIterable {
  operator fun iterator() = MyIterator()
}

fun main(args: Array<String>) {
  for (item in MyIterable()) {
    println(item)
  }
}
```

ループについて、**break**や**continue**といったジャンプが用意されています。**break**は、ループから抜けるジャンプです。**continue**は、次のループを開始するジャンプです。

リスト4.10に**break**の例を示します。**indices**は、リストや配列に定義されているプロパティで、全要素分のインデックスをレンジとして返します。**names**の中で、**"bar"**が最初に登場するインデックスを取得するコードになっています。

breakの例 リスト4.10

```kotlin
val names = listOf("foo", "bar", "baz")
var barIndex = -1
for (index in names.indices) {
  // "bar"が見つかったら直ちにループを抜けます
  if (names[index] == "bar") {
    barIndex = index
    break
  }
}
```

また、ラベル付きのジャンプもサポートしています。ラベルは「ラベル名 + @」で定義します。**break@ラベル名**、**continue@ラベル名**でラベルへのジャンプが可能です（リスト4.11）。

ラベル付きbreak リスト4.11

```kotlin
loop@ for (x in 1..10) {
  for (y in 1..10) {
    if (y == 5)
      break@loop
  }
}
```

第4章 ─────────────── 5

まとめ

本章ではKotlinの基本的な文法を学びました。基本データ型とそのリテラル。変数。文字列やコレクション、レンジといった便利なオブジェクトたち。そして、条件分岐や繰り返し構文です。ここで学んだ知識を踏まえつつ、次章からは本格的にKotlinの文法を学んでいきます！

- 基本データ型のリテラルを使ってオブジェクトを生成し、変数に代入する方法を学びました。
- 型推論により、型の指定を省略することができる場合があります。
- Stringテンプレートにより、文字列リテラルに式を埋め込むことができます。
- 複数行にわたる文字列リテラルを記述する際には、raw stringを使うと便利です。
- 配列はクラス**Array**で表現されますが、Javaにおけるプリミティブ型に特化した配列クラスを使用することでもできます。
- Kotlinのコレクションは、ミュータブルな型とイミュータブルな型に分かれます。
- 範囲を表現するレンジを扱いました。
- **if**や**when**による条件分岐を学びました。これらが式であることも確認しました。
- **while**や**for**による繰り返し構文を学びました。

第 II 部

Kotlin 文法詳解

第 II 部 Kotlin 文法詳解

第 5 章
関数

第 6 章
第一級オブジェクトとしての関数

第 7 章
オブジェクトからクラスへ

第 8 章
クラスとそのメンバ

第 9 章
継承と抽象クラス

第 10 章
インタフェース

第 11 章
ジェネリクス

第 12 章
Null安全

第 13 章
その他の話題

第5章 関数

第II部に入りました。ここからはKotlinの文法を、より詳しく学んでいきます。本章では、Kotlinにおける「関数」の基本的な文法と使い方を解説します。

第5章 1 関数の定義と使い方

本章では**関数**（function）について解説します。関数とは、数学で言う関数のように引数を取って、それによって決まる値を返すものです。簡単な関数を定義してみます（リスト5.1）。

単純な関数の例 — リスト5.1
```kotlin
fun succ(i: Int): Int = i + 1
```

キーワード`fun`によって関数は定義されます。`fun`に続き、関数名（`succ`）、引数リスト（`i: Int`）、返り値の型（`Int`）、関数本体（`i + 1`）という構成です。この関数の定義と使用例を、完全なコードとして示します（リスト5.1）。

第5章　❶ 関数の定義と使い方

関数の定義と呼び出し　　　　　　　　　　　　　　　　　　　　リスト5.2
```
fun succ(i: Int): Int = i + 1

fun main(args : Array<String>) {
  val result = succ(31)
  println(result) // 「32」が出力される
}
```

31に関数succを適用し、その結果としての返り値にresultという名前を付けています。関数succは型推論により、もっと簡潔に記述できます。ここからはREPLを使って確認していきましょう。

```
>>> fun succ(i: Int) = i + 1
>>> succ(9)
10
```

i + 1を評価した結果は、型Intと推論できるので、関数の返り値の型を省略することもできます。しかし、型を明示しておくことで、コードの理解の助けになるので、省略はしない方が無難でしょう。

便利な関数を定義して遊んでみましょう。

```
>>> // 引数の二乗を返す関数
>>> fun square(i: Int): Int = i * i
>>> square(5)
25
>>> // 名前として指定した引数に対する挨拶文を返す関数
>>> fun hello(name: String): String = "Hello, $name!"
>>> hello("Alice")
Hello, Alice!
>>> // 引数を2つ渡して、大きい方を返す関数
>>> fun max(a: Int, b: Int): Int = if(b <= a) a else b
>>> max(12, 13)
13
>>> max(0, -1)
0
```

第5章

2

文を持った関数

関数本体に、式だけでなく文を持った関数を定義する方法を紹介します。途中の計算結果に名前を付けたり、繰り返し構文を含めたりすることができるようになります。

```
>>> fun sum(ints: Array<Int>): Int {
...     var sum = 0
...     for (i in ints) {
...         sum += i
...     }
...     return sum
... }
>>> sum(arrayOf(1, 2, 3))
6
```

関数 sum は、引数として Int の配列 (Array<Int>) を受け取り、その各要素の合計値を返します。今までの関数の形と異なる部分は2カ所です。まず、関数本体を波括弧で括り、=記号は不要です。そして、キーワード return によって値を返しています。

ちなみに、このような本体を波括弧で括る記法の場合は、返り値の型を省略できないので注意してください。

第5章-3 名前付き引数とデフォルト引数

関数の呼び出し時に、渡す引数に名前を指定することができます。

```
>>> fun sub(minuend: Int, subtrahend: Int): Int =
...     minuend - subtrahend
>>> sub(5, 3)
2
>>> sub(minuend = 10, subtrahend = 7)
3
>>> sub(subtrahend = 2, minuend = 6)
4
```

minuendは被減数、**subtrahend**は減数を意味します。名前とともに引数を指定することで、関数の呼び出し側のコードの意図が明確になります。また、名前が付いているので、関数に定義されている順序に、引数を合わせる必要はありません。

関数定義の際、引数にデフォルト値を設定することができます。

```
>>> fun hello(name: String = "World"): String = "Hello, $name!"
>>> hello()
Hello, World!
>>> hello("Alice")
Hello, Alice!
```

デフォルト値が設定されている引数は、関数の呼び出し時に省略できます。省略した場合はデフォルト値が使用されます。

可変長引数

第5章 — 4

もうひとつ、引数の話題です。可変長引数という仕組みがKotlinには備わっています。引数の個数を可変にすることができる仕組みです。可変長にしたい引数に、修飾子**vararg**を付けるだけです。可変長引数は配列として扱われます。

```
>>> fun sum(vararg ints: Int): Int {
...     var sum = 0
...     for (i in ints) {
...         sum += i
...     }
...     return sum
... }
>>> sum(1, 2, 3)
6
```

可変長引数に配列を渡すことができます。コンパイラに可変長引数として、配列を渡すことを知らせるために、*記号を記述します。

```
>>> sum(*intArrayOf(1, 2, 3))
6
>>> val ints = intArrayOf(2, 3, 4)
>>> sum(*ints)
9
```

vararg指定された型**Int**は、特化された配列クラス（**IntArray**）と見なされるので、**IntArray**のファクトリメソッド**intArrayOf**を使用しています。

可変長引数は、1つの関数につき、1つまでしか持てないことに注意してください。

第5章 再帰呼び出し

　再帰呼び出しとは、関数が自分自身を呼び出すことです。再帰呼び出しにより、繰り返し処理を宣言的に記述することができます。例えば、引数のリストの合計値を返す関数を考えましょう。まずは再帰呼び出しをせず、**for**文で実現する例です（リスト5.3）。

for文で合計値を計算する　　　　　　　　　　　　　　　　　　　　リスト5.3
```
fun sum(numbers: List<Long>): Long {
  var sum = 0L
  for (n in numbers) {
    sum += n
  }
  return sum
}
```

　次に、この関数の再帰呼び出しバージョンをリスト5.4に示します。

再帰呼び出しで合計値を計算する　　　　　　　　　　　　　　　　　リスト5.4
```
fun sum(numbers: List<Long>): Long =
  if (numbers.isEmpty()) 0
  else numbers.first() + sum(numbers.drop(1))
```

　リスト5.3とは異なり、=を用いて関数を定義しています。また、再代入がなくなりました。

　もっと詳細に見ていきましょう。まず、関数本体は1つの**if**式により構成されています。**isEmpty**は**List**のメソッドで、リストの要素数が空の場合に限り**true**を返します。つまり、リストが空か否かで分岐しているわけです。もしリストが空の場合、関数**sum**の結果として0が返されます。

　次に、リストが空でない場合です。**first**はリストの先頭要素を返すメソッドです。**drop**は、リストの先頭から、指定された数の分だけ要素を除いた、新しいリストを返

すメソッドです。ここでは、`numbers.drop(1)`としているので、`numbers`の先頭要素を除いた、残りの要素で構成されたリストを返しています。`else`部分の式は、要するに「先頭要素と残りのリストの合計値を足したもの」と読めます。ここで関数`sum`が呼び出されています。`sum`の定義の中で`sum`が呼び出されているのです。これが再帰呼び出しです。

ところで、リスト5.4のコードは実験用のコードにとどめておくべきでしょう。というのは、引数のリストがすごく長い場合に、スタックを食いつぶすおそれがあるからです。ご存知かもしれませんが、スタックとは簡単に言うと、プログラム実行中に一時的に使用されるメモリ領域です。関数を呼び出すたびに、呼び出し元に戻るための情報をスタックに積みます。関数を呼べば呼ぶほど、スタックに積まれる情報は多くなっていきます。そして、スタックの量が規定を超えたときに、スタックオーバーフローとなってプログラムがクラッシュします。筆者の環境では`sum((1L..123456).toList())`を実行して、スタックオーバーフローが起こりました。

安心してください！　ある条件を満たすとき、スタックを消費しないように再帰呼び出しを最適化してくれる仕組みがあります。その条件とは「関数の最後の計算が再帰呼び出しであること」です。この仕組みを、**TCO** (Tail Call Optimization, 末尾呼び出し最適化) と呼びます。

リスト5.4の再帰呼び出しを、関数の最後の計算になるように変形しましょう。そのためには、計算の途中結果を保持する引数を、関数`sum`に追加します（さしあたり`accumulator`と名付けます）。すると、リスト5.5のような形になります。

再帰呼び出しが末尾にくる形　　　　　　　　　　　　　　　　　　　　リスト5.5
```
fun sum(numbers: List<Long>, accumulator: Long = 0): Long =
  if (numbers.isEmpty()) accumulator
  else sum(numbers.drop(1), accumulator + numbers.first())
```

この新しい`sum`で、`sum((1L..123456).toList())`の実行に再挑戦したいところですが、1つ言い忘れていました。KotlinでTCOを有効にするには修飾子`tailrec`を関数に付ける必要があります（リスト5.6）。

> **TCOが有効になったsum** リスト5.6
> ```
> tailrec fun sum(numbers: List<Long>, accumulator: Long = 0): Long =
>   if (numbers.isEmpty()) accumulator
>   else sum(numbers.drop(1), accumulator + numbers.first())
> ```

　TCOが有効になったところで、再び`sum((1L..123456).toList())`を実行してみました。見事、クラッシュせずに計算が完了しました！

第5章 6

ローカル関数

関数の定義の中に、別の関数を定義することができます。これをローカル関数（local function）と呼びます。ローカル関数の使い所としては、スコープの制限をしたいときです。

先ほどのリスト5.6を改善しましょう。今、関数sumは、誰もが使える関数になっています。そして、第2引数のaccumulatorは、多くのユーザにとって、デフォルト値（すなわち0）が渡されるべきです。accumulatorに計算の途中結果を渡すのは、関数sumの実装の詳細が意識すればよいことなのです。

sumの中にローカル関数goを定義し、このaccumulatorを隠しました（リスト5.7）。関数goの実装は、前バージョンのsumと同じです。それを現バージョンのsumが持ち、適切な引数（accumulatorが0）で呼び出しているだけです。これで、関数sumのユーザから、引数accumulatorを隠すことができました。

goはローカル関数　　　　　　　　　　　　　　　　　　　　　　　　　リスト5.7
```
fun sum(numbers: List<Long>): Long {
  tailrec fun go(numbers: List<Long>, accumulator: Long): Long =
    if (numbers.isEmpty()) accumulator
    else go(numbers.drop(1), accumulator + numbers.first())
  return go(numbers, 0)
}
```

第 5 章

7 結果を返さない関数

本章では`square`や`max`、`sum`などの関数を定義してきました。これらの関数はどれも、引数をもとに計算を始め、その結果を関数の返り値として、返していました。実は、結果を返さないような関数を定義することもできます。例えば、リスト5.8のようなクラスを考えます（クラスについては第8章で解説します）。

結果を返さない関数の例　　　　　　　　　　　　　　　　　　　リスト5.8

```kotlin
class Counter {
  private var cnt = 0

  fun countUp(): Unit {
    cnt++
  }

  fun getCount(): Int = cnt
}
```

関数`countUp`は、結果を返さない関数です。`countUp`の仕事は、`cnt`の値を変化させることであり、何か面白い値を返すことではありません。

返り値の型が`Unit`であることに注意してください。`Unit`は関心のある値ではないことを意味する型です。そのため、返り値の型が`Unit`である関数の中で`return`する必要はありません。

「結果を返さない」と表現してきましたが、返り値の型が`Unit`である関数は、実際には値を返します。`Unit`は型であると同時に、オブジェクトです。型`Unit`の唯一のオブジェクトは`Unit`です。つまり、リスト5.8の関数`countUp`はリスト5.9のように書き換えても同じ意味となります。

リスト5.9 Unitを返す関数

```
fun countUp(): Unit {
  cnt++
  return Unit
}
```

　なお、返り値の型が**Unit**である場合は、返り値の型を省略することができます。返り値の型**Unit**と`return Unit`は、省略するのが普通です。

第 5 章 ── 8

まとめ

本章では、関数の基本的な文法と使い方について学びました。

- 関数は、キーワード `fun` で定義します。
- 関数呼び出しのときに、名前を指定して引数を与えることができます。
- 引数には、デフォルト値を設定することができます。
- キーワード `vararg` が付いた引数は、可変長引数となります。
- 自分自身を呼び出す、再帰呼び出しの使い方を学びました。
- 修飾子 `tailrec` を付けた、末尾呼び出しをする関数には、TCO がはたらきます。
- 関数の定義の中で定義された別の関数を、ローカル関数といいます。
- 結果を返さない関数の、返り値の型は `Unit` です。

第6章 第一級オブジェクトとしての関数

前章では関数について解説しましたが、本章ではさらに便利な使い方と概念を導入します。関数を、他の値と同じように、関数への引数として与える方法などを学びます。便利な記法や、細かいけれども実践的な規則についても見ていきます。

第6章 1

関数オブジェクト

Kotlinでは関数も、数値や文字列などの他の値のように扱うことができます。具体的には、変数に代入したり、関数の引数として与えたり、関数の結果として返したりです。このような性質を持つオブジェクトのことを、「第一級オブジェクト」（first-class object）と呼びます。つまりKotlinでは、関数も第一級オブジェクトなのです。

正直に白状すると、この言い方は正確ではありません。前章で紹介したような関数は、第一級オブジェクトではありません。関数のように振る舞う**関数オブジェクト**が、第一級オブジェクトです[1]。

---

[1] 「関数オブジェクト」という言葉は、Kotlin公式ドキュメントには登場しません。便宜上の用語だと捉えてください。

1 関数オブジェクト

既に定義されている関数の名前の頭に`::`と置く記法で、その関数の関数オブジェクトを取得することができます。実験のコードを書いてみましょう。今回はREPLは使用しません（REPLの構造上、やりたいことができないからです）。

リスト6.1を見てください。前章で登場した関数`square`を定義しました。この関数オブジェクトを得るには、`::square`と記述するだけです。`square`の関数オブジェクトを、標準出力を行う関数`println`の引数として与えます。実行すると「fun square(kotlin.Int): kotlin.Int」と出力されます。

関数squareの関数オブジェクトを取得して表示　　　　　　　　　　　　リスト6.1
```kotlin
fun square(i: Int): Int = i * i

fun main(args: Array<String>) {
  println(::square)
}
```

次に、関数オブジェクトを変数に代入可能なことを確認しましょう。さらに、関数オブジェクトを通じて、元の関数と同じ機能を使用できることも確認しましょう。リスト6.2では、`::square`で関数オブジェクトを取得し、それを変数`functionObject`に代入しています。`functionObject`は、普通の関数のように呼び出すことができます。`functionObject(5)`を評価すると、25になります。

関数オブジェクトの代入と呼び出し　　　　　　　　　　　　　　　　　リスト6.2
```kotlin
fun square(i: Int): Int = i * i

fun main(args: Array<String>) {
  val functionObject = ::square
  println(functionObject(5))
}
```

関 数 型

関数オブジェクトにも型があります。リスト6.2の変数`functionObject`は、型推論に任せて、型の指定を省略しました。型を明示的に指定すると、次のようになります。

```
val functionObject: (Int) -> Int = ::square
```

`(Int) -> Int`が型です。`Int`の引数を1つ取り、`Int`の値を返す関数を表しています。関数オブジェクトの型は、一般的には次のように記述します。

```
(1番目の引数の型, 2番目の引数の型, ...) -> 返り値の型
```

第 6 章

3 高階関数

　この節で主張したいのは「関数オブジェクトは、関数の引数として与えたり、返り値として返すことができる」ということです。関数を引数として受け取ったり、返り値として返すような関数のことを、**高階関数**（higher-order function）と呼びます。高階関数によって、関数の抽象化が可能になります。すなわち、部品化の粒度が小さくなり、コードの再利用の機会が増えることを意味します。

　この節の残りの部分は、このことについて深く見ていくだけです。Kotlin固有の話ではないので、読み飛ばしていただいても差し支えありません。

　さて、今ここに、文字列中の文字探索の問題があります。「与えられた文字列で、最初にKが出現する位置を返す」ような関数を定義してみましょう。リスト6.3は、ひとつの解答例です。

最初にKが出現する位置を返す関数　　　　　　　　　　　　　　　　　　　リスト6.3
```kotlin
fun firstK(str: String): Int {
  tailrec fun go(str: String, index: Int): Int =
    when {
      str.isEmpty() -> -1
      str.first() == 'K' -> index
      else -> go(str.drop(1), index + 1)
    }
  return go(str, 0)
}
```

　さらに問題は続きます。「与えられた文字列で、最初に大文字が出現する位置を返す」ような関数を定義してみましょう。リスト6.4は、期待どおりの結果を返します。

リスト6.4 最初に大文字が出現する位置を返す関数

```
fun firstUpperCase(str: String): Int {
  tailrec fun go(str: String, index: Int): Int =
      when {
        str.isEmpty() -> -1
        str.first().isUpperCase() -> index
        else -> go(str.drop(1), index + 1)
      }
  return go(str, 0)
}
```

　リスト6.3の関数 firstK と、リスト6.4の関数 firstUpperCase に、多くの共通部分が存在することがわかります。両者の違いは、対象の文字が「K」か「大文字」かの違いのみです。共通部分を再利用できる形にすると、便利な気がしますね。共通部分を抽出し、相違部分を曖昧な日本語にした擬似コードをリスト6.5に示します。

リスト6.5 最初に○○が出現する位置を返す関数

```
fun first(str: String): Int {
  tailrec fun go(str: String, index: Int): Int =
      when {
        str.isEmpty() -> -1
        「str.first()に対する何らかの条件」-> index
        else -> go(str.drop(1), index + 1)
      }
  return go(str, 0)
}
```

　first の「str.first()に対する何らかの条件」部分は、「文字を引数に取って、Boolean を返す関数」とすることができそうです。さらに、この関数を first の引数として与えるようにすれば、first の呼び出しのたびに、適切な条件を設定できそうです。ということで、「文字を引数に取って、Boolean を返す関数」を predicate という名前の引数にしたバージョンの、関数 first をリスト6.6に示します。

高階関数 first　　　　　　　　　　　　　　　　　　　　　　　　　リスト6.6
```kotlin
fun first(str: String, predicate: (Char) -> Boolean): Int {
  tailrec fun go(str: String, index: Int): Int =
      when {
        str.isEmpty() -> -1
        predicate(str.first()) -> index
        else -> go(str.drop(1), index + 1)
      }
  return go(str, 0)
}
```

　predicateの型に注目してください。**(Char) -> Boolean**は、「**Char**を引数に取り、返り値の型が**Boolean**である関数オブジェクト」です。
　先ほどの関数`firstK`と`firstUpperCase`の共通部分を`first`に抽出することができたので、この2つの関数を、`first`を使って書き直してみましょう（リスト6.7）。

高階関数firstの使用例　　　　　　　　　　　　　　　　　　　　　リスト6.7
```kotlin
fun firstK(str: String): Int {
  fun isK(c: Char): Boolean = c == 'K'
  return first(str, ::isK)
}

fun firstUpperCase(str: String): Int {
  fun isUpperCase(c: Char): Boolean = c.isUpperCase()
  return first(str, ::isUpperCase)
}
```

　すごくスッキリしました！　ただ、**predicate**のために、わざわざローカル関数を定義して、関数オブジェクトを取得するのは、少々遠回りな感じがします。次の節では、ラムダ式を導入し、よりスッキリしたコードを記述することができるようにします。

第6章 4

ラムダ式

定義済みの関数の関数オブジェクトを取得するために、::を使う方法を紹介しました。実は、関数オブジェクトを直接生成する方法もあります。

型**Int**の引数を1つ取って、それを2乗した数を返す関数オブジェクトを、その場で生成し、**square**という名前を付ける例を、リスト6.8に示します。

ラムダ式の例 リスト6.8
```
val square: (Int) -> Int = { i: Int ->
  i * i
}
```

このように、関数オブジェクトを直接生成するコードを、**ラムダ式**（lambda expression）と呼びます。ラムダ式には波括弧が必要です。その中に**->**を挟んで、引数リスト、関数本体を記述します。関数から値を返すときに、**return**は不要です。最後に評価される式が返されます。

ラムダ式でも、型推論がはたらきます。リスト6.8は、型指定の省略の方法が2通りあります（リスト6.9）。

ラムダ式における型推論 リスト6.9
```
val square1 = { i: Int ->
  i * i
}

val square2: (Int) -> Int = { i ->
  i * i
}
```

さらに、ラムダ式の引数が1つのときに限り、暗黙の変数**it**を使用することができます。**it**は、ラムダ式の唯一の引数を指します。リスト6.9の**square2**は、引数**i**を省略し、**it**で引数を参照することができます（リスト6.10）。

第 6 章

> **暗黙の変数 it**　　　　　　　　　　　　　　　　　　　リスト6.10
> ```
> val square2: (Int) -> Int = {
>   it * it
> }
> ```

　引数が1つのみのラムダ式を記述する機会は頻出するので、暗黙の変数 **it** がきっと役立つでしょう。場合によっては、明示的に名前を付けた方がわかりやすいこともあるので、**it** を濫用しないように気を付けましょう。

　前節では、高階関数について解説しました。定義済みの関数から関数オブジェクトを得て、それを高階関数の引数として与えていました。今、ラムダ式という記法を学んだので、これと高階関数を組み合わせてみましょう。

　任意の文字列の中にある、何らかの条件を満たす文字の、最初に登場する位置を返すような関数 **first** が、リスト6.6のような実装で提供されているとします。この **first** を使って、空白文字が最初に登場する位置を取得するコードを考えましょう。単純に考えて、まずリスト6.11のように記述してみました。

> **ラムダ式と高階関数**　　　　　　　　　　　　　　　　　リスト6.11
> ```
> fun firstWhitespace(str: String): Int {
>   val isWhitespace: (Char) -> Boolean = {
>     it.isWhitespace()
>   }
>   return first(str, isWhitespace)
> }
> ```

　引数として受け取った文字が空白文字かどうかを返す関数を、ラムダ式で記述し、**isWhitespace** と名付けました。それを、**first** の第2引数として与えています。

　今回の例のような場合、わざわざ名前を付けてやる必要はないでしょう。ラムダ式を **first** の第2引数部分に直接記述すると、リスト6.12のようになります。

> **ラムダ式をそのまま引数に**　　　　　　　　　　　　　　リスト6.12
> ```
> fun firstWhitespace(str: String): Int =
>   first(str, { it.isWhitespace() })
> ```

だいぶスッキリしましたね。このように、最後の引数にラムダ式を取るような関数が、Kotlinの標準ライブラリには数多く存在しています。この頻出パターンのために、構文糖衣（syntax sugar）が提供されています。ラムダ式を引数リストの外に出すことができる、特別な構文です。リスト6.12は、リスト6.13のように書き直すことができます。

ラムダ式のための構文糖衣　　　　　　　　　　　　　　　　　　　　　リスト6.13

```
fun firstWhitespace(str: String): Int =
  first(str) { it.isWhitespace() }
```

第 6 章 — 5

クロージャ

少し話題を変えて、変数のスコープについて説明します。ローカル変数のスコープは、それが定義された関数内に限ります（リスト6.14）。

別の関数で定義された変数は見れない — リスト6.14

```kotlin
fun foo(): Int {
  val a = 1
  val b = 2
  return a + b
}

fun bar(): Int {
  val c = 3
  return a + c // aにアクセスできずコンパイルエラー
}
```

次に、関数オブジェクトを返す関数 getCounter をリスト6.15に示します。

関数オブジェクトを返す関数 getCounter — リスト6.15

```kotlin
fun getCounter(): ()->Int {
  var count = 0
  return {
    count++
  }
}
```

getCounterが返すラムダ式は、その外側の関数（すなわちgetCounter）で宣言されている変数countの参照と変更を行います。次に、getCounterを呼び出すコードです（リスト6.16）。

5 クロージャ

リスト6.16 getCounterで定義した変数が見える

```
fun main(args: Array<String>) {
  val counter1 = getCounter()
  val counter2 = getCounter()
  println(counter1()) // 0が出力される
  println(counter1()) // 1が出力される
  println(counter2()) // 0が出力される
  println(counter1()) // 2が出力される
  println(counter2()) // 1が出力される
}
```

　なんと、**getCounter**が返す関数オブジェクトを介して、**getCounter**で宣言された変数**count**にアクセスしています。つまり、関数**getCounter**で定義されたローカル変数を、関数**main**でアクセスすることができているのです。このように、実行時ではなく、コードを記述したときのスコープで変数が扱える関数オブジェクトを、**クロージャ**（closure）と呼びます。

第 6 章

インライン関数

　高階関数は強力な仕組みですが、一般に呼び出しのコストが高い傾向にあります。関数オブジェクトの生成や、クロージャとして環境内の変数の捕捉を行うからです。この問題を解消するため、**インライン関数**（inline function）という仕組みが導入されています。インライン関数は、引数の関数オブジェクトが、コンパイル時にインライン展開される関数のことです。通常の関数に、アノテーション`inline`を付加するだけで、インライン関数になります。

　例えば、リスト6.17のような関数`log`を考えます。`log`は、デバッグ時にのみ、メッセージを返す関数`message`を呼び出し、それを標準出力する関数です。

　本題とは逸れますが、関数`log`のように、単に`String`を引数に取れば事足りるところを、`() -> String`として受け取る理由は何でしょうか？　それは、関数の実行タイミングを遅らせることにあります。引数`debug`が`false`のとき、メッセージは出力されないので、メッセージを生成する必要がありません。メッセージの生成が高コストである場合などに役立つテクニックです。

関数logとその呼び出し例　　　　　　　　　　　　　　　　　　　リスト6.17

```
fun log(debug: Boolean = true, message: () -> String) {
  if (debug) {
    println(message())
  }
}

fun main(args: Array<String>) {
  log { "このメッセージは出力される" }
  log(false) { "このメッセージは出力されない" }
}
```

　リスト6.17をコンパイルすると、関数`log`に引数として与えている2つのラムダ式を関数オブジェクトとして生成するバイトコードが出力されます。

では、関数`log`にアノテーション`inline`を付けて、インライン関数にしてみます（リスト6.18）。

インライン関数　　　　　　　　　　　　　　　　　　　　　　　　　　　リスト6.18
```
inline fun log(debug: Boolean = true, message: () -> String) {
  if (debug) {
    println(message())
  }
}
```

新しい関数`log`を使ったコードをコンパイルすると、先ほどとは異なるバイトコードが生成されます。インライン関数を呼び出すバージョンは、バイトコード的には、リスト6.19のようなコードとおおむね同じになります[2]。

関数本体がインライン展開される　　　　　　　　　　　　　　　　　　　リスト6.19
```
fun main(args: Array<String>) {
  if (true) {
    println("このメッセージは表示される")
  }
  if (false) {
    println("このメッセージは表示されない")
  }
}
```

このように、インライン関数を使用することで、実行時のコストを下げることができます。自身で高階関数を作成する際には、必要に応じてインライン関数として定義することを検討すべきでしょう。Kotlinの標準ライブラリにある高階関数の多くは、インライン関数として定義されています。

---

[2] 現時点でのKotlin実装では、`if(true)`や`if(false)`に対して、展開や削除のような最適化は行われないようです。

noinlineとcrossinline

便利なインライン関数ですが、引数のラムダ式のインライン化をコントロールする修飾子が2つあります。**noinline**と**crossinline**です。

noinlineは、インライン関数にもかかわらず、引数のラムダ式のみインライン展開しないときに使用します。使いたくなるシーンはまれかもしれませんが、例えばスタックトレースの内容に影響を受けるような関数は、インライン展開しないことを検討するとよいでしょう。ただし、**noinline**指定されたラムダ式では、次節で紹介する非ローカルリターンが使用できないので注意してください。

crossinlineは、別の文脈の中でのインライン化を示すための修飾子です。例えば、引数で受け取ったラムダ式を、別のラムダ式内や、無名クラス（オブジェクト式）内で使用する際に指定します。次の値を自由に決定できるカウンターを取得する関数**getCounter**を定義してみました。

■ **crossinlineの例**

```
inline fun getCounter(crossinline
next: (Int) -> Int): () -> Int {
  var cnt: Int = 0
  return {
    cnt = next(cnt)
    cnt
  }
}
```

getCounterは修飾子**inline**により、インライン関数となります。引数として受け取る**next**も同様にインライン展開されますが、その場所は**getCounter**と同じところではなく、返り値として返されるクロージャ部分です。

ルールが若干複雑に思えるかもしれませんが、心配しないでください。インライン関数の引数で、インライン化できないものがある場合は、コンパイルエラーとなります。また、IntelliJ IDEAやAndroid Studioを使っている場合は、**crossinline**を使った方がいいのか、**noinline**を使った方がいいのかを提案してくれます。

第 6 章

7

非ローカルリターンと
ラベルへのリターン

　ラムダ式では、最後の式の評価結果が、返り値となると述べました。通常の関数のように、**return**文を記述する方法とは異なる、ということです。しかし、ラムダ式内では**return**文による、外側の関数からのリターンが可能です。これを、**非ローカルリターン**（non-local return）と呼びます。（お察しのとおり）非ローカルリターンを行うラムダ式は、インライン展開されている必要があります。

　例として、インライン関数**forEach**をリスト6.20に定義します。引数**str**の各文字に対して、順番に引数**f**を呼び出します。

文字列を走査するインライン関数　　　　　　　　　　　　　　リスト6.20
```
inline fun forEach(str: String, f: (Char) -> Unit) {
  for (c in str) {
    f(c)
  }
}
```

　この**forEach**と非ローカルリターンを使う例をリスト6.21に示します。

非ローカルリターンの例　　　　　　　　　　　　　　　　　　リスト6.21
```
fun containsDigit(str: String): Boolean {
  forEach(str) {
    if (it.isDigit())
      return true
  }
  return false
}
```

　containsDigitは、引数の文字列内に、数字が含まれているかどうかを返します。**forEach**を使用して、各文字が数字であるかをテストしています。数字が発見されたら、非ローカルリターンにより、直ちに結果とともに**containsDigit**を脱出します。以降の文字を調べる必要がないからです。

nonLocalReturnのように、関数リテラル内で、外側の関数ではなく、自身から脱出したい場面も、よく登場します。そのようなときには、**ラベルへのリターン**（return at label）という仕組みを使います。リスト6.21を、ラベルへのリターンを使うように書き直したコードがリスト6.22です。

　ラベルへのリターン　　　　　　　　　　　　　　　　　　　　　リスト6.22
```
fun containsDigit(str: String): Boolean {
  var result = false
  forEach(str) here@ {
    if (it.isDigit()) {
      result = true
      return@here
    }
  }
  return result
}
```

関数**forEach**の引数のラムダ式の直前に、ラベルを定義します。ラベル定義の記法は、「4.4 ループ制御」で紹介したものと同じです。ラベルへのリターンは、**return**の直後に**@**とラベル名を置くだけです。ここでは**return@here**と記述しました。すると、この**return**文により、**here**と名付けられた場所から、すなわち**forEach**から脱出します。

ところで、ラベルの名前を毎回考えて付けてやるのは、面倒に感じるかもしれません。リターンの対象が推論できる場合に限り、ラベル名ではなく、関数名を指定してリターンすることができます。リスト6.22は、リスト6.23のように書き直すことができます。

　関数名を指定したリターン　　　　　　　　　　　　　　　　　　リスト6.23
```
fun containsDigit(str: String): Boolean {
  var result = false
  forEach(str) {
    if (it.isDigit()) {
      result = true
      return@forEach
    }
  }
  return result
}
```

第6章 ── 8

無名関数

ラムダ式のように、関数オブジェクトを直接得る記法が、もうひとつあります[*3]。それは**無名関数**（匿名関数、anonymous function）です。無名関数は、通常の関数の記法とほぼ同じですが、名前を持たない点で異なります。

リスト6.24に、ラムダ式と無名関数の違いを示します。変数**square1**と**square2**、**square3**には、同じ振る舞いをする関数オブジェクトが代入されます。

ラムダ式と無名関数 リスト6.24

```kotlin
// ラムダ式
val square1: (Int) -> Int = { i: Int ->
  i * i
}

// 無名関数
val square2: (Int) -> Int = fun(i: Int): Int {
  return i * i
}

// 無名関数 省略バージョン
val square3: (Int) -> Int = fun(i: Int) = i * i
```

お気付きかもしれませんが、無名関数では、値を返すために**return**文を使用しています。動作の面におけるラムダ式との唯一の違いは、非ローカルリターンができない点です（ラベルへのリターンは可能です）。

Kotlinでは、ラムダ式と無名関数を、まとめて**関数リテラル**（function literal）と呼びます。

[*3] インライン関数の存在を学んだので「関数オブジェクトを直接得る」という説明が、不完全であることに気付いたでしょうか？ ラムダ式や無名関数を記述しても、必ずしも関数オブジェクトが生成されるわけではありません。

まとめ

　本章では、第一級オブジェクトとしての関数を学びました。関数は第一級オブジェクトであり、高階関数により、強力な抽象化が可能であることを意味します。次章では、Kotlinにおけるクラスについて解説します。

- 定義済み関数から::を使用して、関数オブジェクトを得ることができます。
- 関数オブジェクトは変数に代入したり、関数の引数として与えたりすることができます。
- ラムダ式、無名関数（まとめて関数リテラル）を記述することで、関数オブジェクトを直接得ることができます。
- 関数リテラルはクロージャであり、定義された環境の変数を捕捉します。
- インライン関数により、高階関数の呼び出しオーバヘッドを低減することができます。
- ラムダ式では、非ローカルリターンが使える場合があります。
- 関数リテラルでは、ラベルへのリターンをすることができます。

第 7 章 オブジェクトからクラスへ

本章では、「Kotlinにおけるオブジェクト指向」について学びます。まずは個々のオブジェクトを生成する方法を学び、インタフェース、クラスへとステップアップしていきます。文法よりも、インタフェースやクラスの役割にフォーカスします。詳しい文法については、次章以降でも改めて解説します。Javaやその他の言語でインタフェースやクラスに馴染みのある読者は、この章を読み飛ばしてもよいでしょう。

第 7 章 1 オブジェクトの生成

　ここまで、文字列やリストといった様々なオブジェクトを扱ってきました。それらはデータと、それを操作する手続きを提供していました。例えば、リストは要素となる値（また別のオブジェクト）と、要素を追加したり削除したりする手続きを持っています。このようなやり方は、プログラミングを楽にしてくれる大きな工夫のひとつです。
　プログラマが独自にデータや手続きを定義すれば、新しいオブジェクトを得ることができます。例えば、バケツを表すオブジェクトを作ってみましょう。バケツは、データとして「容量」と「入っている水の量」を持ち、「水で満たす」と「排水する」、「入って

いる水の量を出力する」という手続きを持っているものとします。

　オブジェクトを生成するには、キーワード**object**を使用します。キーワード**object**に続けて、波括弧でブロックを形成します。ブロック内には、変数や関数を定義します。この変数が、オブジェクトのデータに相当します。同じように、関数がオブジェクトの手続きに相当します。オブジェクトの手続きは、見た目も振る舞いも関数に似ていますが、**メソッド**（method）と呼ぶことがあります。

　バケツオブジェクトの実装例はリスト7.1のとおりです。キーワード**object**により、オブジェクトが生成され、その参照が返されるので、変数**bucket**に代入しています。**bucket**を介して、バケツオブジェクトのメソッド（例えば**printQuantity**）を呼び出しています。「オブジェクトへの参照＋ . ＋メソッド呼び出し」というような形になります。

バケツオブジェクトの生成　　　　　　　　　　　　　　　　　　　　　リスト7.1

```
fun main(args: Array<String>) {
  val bucket = object {
    // バケツの容量
    val capacity: Int = 5

    // 入っている水の量
    var quantity: Int = 0

    // バケツを水で満たす
    fun fill() {
      quantity = capacity
    }

    // 排水する
    fun drainAway() {
      quantity = 0
    }

    // 入っている水の量を出力する
    fun printQuantity() {
      println(quantity)
    }
  }
```

```
    bucket.printQuantity() // 「0」と出力される
    bucket.fill()
    bucket.printQuantity() // 「5」と出力される
    bucket.drainAway()
    bucket.printQuantity() // 「0」と出力される
}
```

　素晴らしい！　複数のデータと手続きを、1つのオブジェクトに閉じ込めて扱えるようになりました。キーワード **object** によるオブジェクト生成の記法を、Kotlinでは**オブジェクト式**（object expression）と呼びます。これは「オブジェクトのリテラル」であると解釈してもよいかもしれません。

第7章

2 インタフェース

　オブジェクトを生成する方法を学び、バケツオブジェクトをつくることに成功しました。しかし、このバケツオブジェクトは、到底実用には耐えません。なぜならこのバケツオブジェクトは、データ型を持っていないからです（正確には、型はありますが名前による参照ができません）。バケツオブジェクトが他のバケツオブジェクトとコラボレートすることができないことを意味します。

　そういうわけで、バケツオブジェクトに型を与えましょう。型を定義するには、**インタフェース**（interface）を定義します。キーワード **interface** により、インタフェースを定義することができます。「**interface + インタフェース名**」となるよう記述し、インタフェース名がそのまま、型の名前となります。

　もっとも簡単なバケツインタフェースの定義をするとともに、そのインタフェースをバケツオブジェクトが**実装**（implement）して、型を得ます。コードをリスト7.2に示します。

もっとも簡単なバケツインタフェース　　　　　　　　　　　　　　　　リスト7.2
```kotlin
interface Bucket

fun main(args: Array<String>) {
  val bucket = object : Bucket {
    // バケツの容量
    val capacity: Int = 5

    // 入っている水の量
    var quantity: Int = 0

    // バケツを水で満たす
    fun fill() {
      quantity = capacity
    }
```

```
    // 排水する
    fun drainAway() {
      quantity = 0
    }

    // 入っている水の量を出力する
    fun printQuantity() {
      println(quantity)
    }

    // 別のバケツに注ぐ
    fun pourTo(that: Bucket) {
      // 未実装
    }
  }

  bucket.printQuantity() // 「0」と出力される
  bucket.fill()
  bucket.printQuantity() // 「5」と出力される
  bucket.drainAway()
  bucket.printQuantity() // 「0」と出力される
}
```

少し長いコードになってきましたが、やっていることは単純です。**interface Bucket**として、バケツインタフェースを定義しています。キーワード**object**に続けて、:記号とインタフェース名を記述することで、生成されるオブジェクトが指定のインタフェースを実装することを明示しています。

バケツ型が使えるようになったので、別のバケツオブジェクトを引数に取るメソッドを、新たに定義しています。メソッド**pourTo**がそれです。しかし、ここでは未実装です。

インタフェースは、その名のとおり、実装するオブジェクトの境界でのプロトコル（規約、取り決め）を表現するものです。平たく言えば「そのオブジェクトがどのような手続き（メソッド）を提供しているのか」をまとめたものが、インタフェースです。逆に、あるインタフェースを実装するオブジェクトは、そのインタフェースが定めるメソッドをすべて実装している必要があるということです。今、バケツインタフェース（**Bucket**）は、どのメソッドを提供するのかという情報を持っていないため、バケツ

オブジェクトは、対外的には何も操作できません。

では、インタフェース**Bucket**に、バケツオブジェクトが提供すべきメソッドをまとめましょう（リスト7.3）。まず、波括弧でブロックを形成し、その中にメソッドを定義していきます。今まで定義してきた関数やメソッドと違い、実装を記述しません。

また、インタフェースは、データを持つことができません。データそのものは、オブジェクトの「境界」にあるものではなく、オブジェクトの「内部」にあるものだからです。今回は「容量」と「入っている水の量」というデータにアクセスするためのメソッドを提供することにしました（(1)部分）。これは、Javaでは一般的なテクニックです。「容量」は変更できない値なので、取得するためのメソッドのみ提供することにします。ちなみに、メソッド`printQuantity`は削除することに決めました。

提供すべき関数を定めたバケツインタフェース　　　　リスト7.3
```
interface Bucket {
  fun fill()
  fun drainAway()
  fun pourTo(that: Bucket)

  fun getCapacity(): Int
  fun getQuantity(): Int       ─ (1)
  fun setQuantity(quantity: Int)
}
```

さて、この新しいインタフェース**Bucket**を早速実装していきましょう。バケツオブジェクトを複数作りたいので、バケツオブジェクトを得るための関数を定義してみました（リスト7.4）。いいアイディアでしょう？

バケツオブジェクトを生成する関数　　　　リスト7.4
```
fun createBucket(capacity: Int): Bucket = object : Bucket {
  var _quantity: Int = 0

  override fun fill() {
    setQuantity(getCapacity())
  }

  override fun drainAway() {
```

```
    setQuantity(0)
  }

  override fun pourTo(that: Bucket) {
    val thatVacuity = that.getCapacity() - that.getQuantity()
    if (getQuantity() <= thatVacuity) {
      that.setQuantity(that.getQuantity() + getQuantity())
      drainAway()
    } else {
      that.fill()
      setQuantity(getQuantity() - thatVacuity)
    }
  }

  override fun getCapacity(): Int = capacity

  override fun getQuantity(): Int = _quantity

  override fun setQuantity(quantity: Int) {
    _quantity = quantity
  }
}
```

　インタフェースが提供するメソッドを上書きする形で実装していますが、これを**オーバライド**（override）といいます。オーバライドするには、必ず修飾子**override**を付けます。

　今回は、メソッド**pourTo**を実装することができました。もう一方のバケツを、型（インタフェース）を通して操作することが可能になったからです。若干複雑に見えますが、「このバケツ」から「あのバケツ（引数**that**）」へ、可能な限り水を注いでいるだけです。

　バケツで遊んでみましょう（リスト7.5）。

新しいバケツオブジェクトの使い方　　　　　　　　　　　　　　　　　リスト7.5

```
fun main(args: Array<String>) {
  // 容量7 のバケツをつくる
  val bucket1 = createBucket(7)

  // 容量4 のバケツをつくる
  val bucket2 = createBucket(4)

  // バケツ1 を満たす
  bucket1.fill()

  // バケツ1 から バケツ2 へ可能な限り注ぐ
  bucket1.pourTo(bucket2)

  println(bucket1.getQuantity()) // 「3」を出力
  println(bucket2.getQuantity()) // 「4」を出力
}
```

　何もかもが、うまく進んでいるようです！　しかし、熟練のKotlinプログラマは、このような形でバケツオブジェクトを作らないでしょう。昔ながらの**getなんとか**、**setかんとか**のようなメソッドを定義していくことに、飽き飽きしています。もう少し簡単な方法はないものでしょうか。その答えは「プロパティ」です。

プロパティ

プロパティ（property）とは、ものの「特性」や「性質」という意味があります。Kotlinにおけるプロパティも、そのような意味合いがあります。具体的には、オブジェクトの状態やデータなどを、プロパティとして提供することが多いのです。

バケツオブジェクトの例で考えましょう。バケツオブジェクトのプロパティは、「容量」と「入っている水の量」です。今まではこれを、オブジェクトが変数で持ったり、インタフェースとしてアクセス用メソッドを提供していました。インタフェース**Bucket**に、「容量」と「入っている水の量」のプロパティを追加したコードをリスト7.6に示します。

```
プロパティを持ったインタフェース                              リスト7.6
interface Bucket {
  fun fill()
  fun drainAway()
  fun pourTo(that: Bucket)

  val capacity: Int  ┐
  var quantity: Int  ┘─ (1)
}
```

(1)部分が変更点です。変更ができないプロパティ**capacity**は**val**で定義しています。変更ができるプロパティ**quantity**は**var**です。

プロパティの見た目は、変数と瓜二つです。先ほど「インタフェースは、データを持つことができません」と述べたのを思い出して、奇妙に思っているかもしれませんね。プロパティは、オブジェクトの「内部」にあるものではなく、「境界」にあるものなのです！ プロパティは変数のように見えますが、実際のデータの持ち方は規定しません。インタフェースを実装するオブジェクトの実装次第です。

プロパティを持つことになったインタフェース **Bucket** に伴って、バケツオブジェクトの実装も変更しましょう（リスト7.7）。この変更に伴い、バケツオブジェクトの使用側のコードを修正する必要があります。メソッド **getQuantity** を呼び出すコードは、プロパティ **quantity** を参照するように修正してください。

プロパティをオーバライドするバケツ　　　　　　　　　　　　　　　　　リスト7.7

```
fun createBucket(_capacity: Int): Bucket = object : Bucket {

  override val capacity = _capacity

  override var quantity: Int = 0

  override fun fill() {
    quantity = capacity
  }

  override fun drainAway() {
    quantity = 0
  }

  override fun pourTo(that: Bucket) {
    val thatVacuity = that.capacity - that.quantity
    if (capacity <= thatVacuity) {
      that.quantity += quantity
      drainAway()
    } else {
      that.fill()
      quantity -= thatVacuity
    }
  }
}
```

プロパティもメソッド同様に、オーバライドする際には修飾子 **override** を付けます。`override var quantity: Int = 0` のように、プロパティを初期化した場合、変数や、その値の取得や格納の方法が、見えないところで自動的に生成されます。この辺りの仕組みがよしなにやってくれるので、基本的にプロパティは変数と同じように扱うことができます。

第7章 - 4

クラス

オブジェクト式を使って、オブジェクトの実装の定義と生成を行ってきました。関数 **createBucket** を定義して、似たようなオブジェクトを複数生成する工夫もしました。このようなパターンは頻繁に現れます。

ここで、**クラス**（class）の登場です。「クラスはオブジェクトの設計図である」と、しばしば喩えられます。今まではオブジェクト式によりオブジェクトを生成していましたが、クラスの**コンストラクタ**（constructor）を呼び出すことで、クラスに定義したメソッドやプロパティの実装を持ったオブジェクトを、生成することができます。

バケツオブジェクトを生成するためのクラス **BucketImpl** [1] をリスト7.8に示します。

クラス BucketImpl / リスト7.8

```
class BucketImpl(_capacity: Int) : Bucket {

  override val capacity = _capacity

  override var quantity: Int = 0

  override fun fill() {
    quantity = capacity
  }

  override fun drainAway() {
    quantity = 0
  }

  override fun pourTo(that: Bucket) {
    val thatVacuity = that.capacity - that.quantity
```

---

[1] あまりよい名前が思いつかなかったことを白状します。インタフェース Bucket との名前の衝突を避けるために、末尾に Implement の略として Impl を付けました。

```
    if (capacity <= thatVacuity) {
      that.quantity += quantity
      drainAway()
    } else {
      that.fill()
      quantity -= thatVacuity
    }
  }
}
```

キーワード**class**、その直後にクラス名を記述すれば、クラスを定義することができます。クラス名の後には、コンストラクタ引数のリストを記述します。ここでは**_capacity**として、「容量」を受け取り、プロパティ**capacity**に代入しています。さらに、コンストラクタ引数のリストの後に、実装するインタフェースを指定しています。クラス**BucketImpl**が実装しているプロパティ、メソッドに変更はありません。

では、このクラス**BucketImpl**のコンストラクタを呼び出して、バケツオブジェクト、正確には**BucketImpl**の**インスタンス** (instance) を生成してみましょう（リスト7.9）。

インスタンスの生成 リスト7.9
```
fun main(args: Array<String>) {
  val bucket1: Bucket = BucketImpl(7)
  val bucket2: Bucket = BucketImpl(4)

  bucket1.fill()
  bucket1.pourTo(bucket2)

  println(bucket1.quantity) // 「3」を出力
  println(bucket2.quantity) // 「4」を出力
}
```

実はクラスは、インタフェースのように、それ自体が型を定義していることになります。また、「継承」という、型や実装を拡張する強力な仕組みが備わってもいます。次章からは、クラスやオブジェクトにまつわるKotlinの文法にフォーカスして解説します。

第7章

5 まとめ

　本章では、オブジェクトに関する文法や扱い方を学びました。オブジェクトを直接実装して生成する方法から始まり、インタフェースによる型の導入、プロパティの使い方、クラスはオブジェクトの設計図であることを見てきました。

- オブジェクト式により、オブジェクトを実装、生成することができます。
- インタフェースを定義することで、型を手に入れることができます。
- オブジェクト式に、インタフェースを指定することで、オブジェクトに型を与えます。
- インタフェースには、実装すべきメソッドやプロパティを宣言します。
- インタフェースを実装するオブジェクトは、そのメソッドやプロパティをオーバライドします。
- クラスを定義しておくことで、簡単にオブジェクトを生成することができます。

第 8 章 クラスとそのメンバ

本章では、クラスに関する文法を解説します。Kotlinは、クラスベースのオブジェクト指向言語であり、クラスやオブジェクトの知識は、Kotlinプログラミングの要です。メソッドやコンストラクタ、イニシャライザ、そしてJavaプログラムにはあまり馴染みのないプロパティやエクステンションについて、学んでいきましょう。

第 8 章 1 クラスの定義とインスタンス化

クラス（class）を定義するには、キーワード **class** を使います。もっとも単純なクラス定義をリスト8.1に示します。

もっとも単純なクラス定義 リスト8.1
```
class MyClass
```

クラス **MyClass** は、何も持たないように見えますが、引数を取らない**コンストラクタ**（constructor）（デフォルトコンストラクタ）が自動的に生成されます。これを使

用して、**MyClass**の**インスタンス**（instance）を生成することができます（リスト8.2）。Javaの**new**のようなキーワードは不要です（Kotlinでは、**new**は予約されたキーワードではありません）。

MyClassインスタンスの生成　　　　　　　　　　　　　　　　　リスト8.2
```
fun main(args: Array<String>) {
  val myClass: MyClass = MyClass()
  println(myClass)
}
```

変数**myClass**の型は、**MyClass**です。クラスを定義すると、同名の型が定義され、他のクラスにより生成されたオブジェクトと混同する心配がなくなります。

リスト8.2を実行すると「MyClass@372f7a8d」のような文字列が出力されます。このことは、次章で取り上げます。

第8章 2

メソッド

クラスは、**メソッド**（method）を持つことができます。メソッドは、オブジェクトを操作するための、関数のようなものです。キーワード**fun**を用いて定義し、引数リストや返り値の型の指定、本体の記述の仕方は、関数のそれらと同じです。

メソッドの例　　　　　　　　　　　　　　　　　　　　　　　　　リスト8.3
```kotlin
class Greeter {
  fun greet(name: String) {
    println("Hello, $name!")
  }
}

fun main(args: Array<String>) {
  val greeter = Greeter()
  greeter.greet("Kotlin") // 「Hello, Kotlin!」と出力
}
```

リスト8.3に、簡単なメソッドの定義例を示します。クラス**Greeter**に、波括弧を開いてブロックを形成し、その中にキーワード**fun**を使ってメソッド**greet**を定義しています。メソッドの呼び出し側（オブジェクト指向用語で言うところのセンダー）のコードは、対象のオブジェクト（レシーバ）への参照と、メソッド名を「.」記号で結んで、メソッドを呼び出します。

プロパティ

クラスは、**プロパティ**（property）を持つことができます。プロパティとは、オブジェクトの特性や性質を表すデータをやり取りするための窓口です。つまり、オブジェクトの使用者は、プロパティを介してオブジェクトの状態を知ったり、変更したりすることができます。

2つのプロパティを持つクラス**Person**を、リスト8.4に示します。

クラスPerson   リスト8.4
```kotlin
class Person {
  var name: String = ""
  var age: Int = 0
}
```

クラス**Person**は、このオブジェクト（人物）が持つ「名前」をプロパティ**name**として、「年齢」をプロパティ**age**として持っています。プロパティは、変数のように**val**や**var**で定義します。今回は、**name**に空文字列、**age**に0を代入して初期化しています。

プロパティを介してのデータの取得や設定も、変数と同じように行えます（リスト8.5）。

プロパティ使用の例   リスト8.5
```kotlin
fun main(args: Array<String>) {
  val hanako = Person()

  println(hanako.name) // 「」を出力
  println(hanako.age)  // 「0」を出力

  hanako.name = "はなこ"
  hanako.age = 25

  println(hanako.name) // 「はなこ」を出力
  println(hanako.age)  // 「25」を出力
}
```

3.1 バッキングフィールド

クラス **Person** の **name** と **age** のようなプロパティには、自動的に**バッキングフィールド**（backing field）が生成されます。例えば、**name** として保持する文字列オブジェクトへの参照は、実際にはこのバッキングフィールドに保持されます。バッキングフィールドへアクセスできるのは、プロパティのみです。プロパティは窓口であると説明したのは、このためです。すなわち、プロパティはオブジェクトの「境界」に位置するものであり、その「内部」にバッキングフィールドがあります。

バッキングフィールドを持たないプロパティを定義することも可能です。クラス **Person** に新しくプロパティ **nameLength** を追加しました（リスト8.6）。

バッキングフィールドを持たないプロパティ nameLength 〔リスト8.6〕
```
class Person {
  var name: String = ""
  var age: Int = 0
  val nameLength: Int
    get(): Int {
      return this.name.length
    }
}

fun main(args: Array<String>) {
  val hanako = Person()
  hanako.name = "はなこ"
  println(hanako.nameLength) // 「3」を出力
}
```

プロパティ **nameLength** は、バッキングフィールドを持ちません。代わりに、**カスタムゲッター**（custom getter）を持ちます。カスタムゲッターは、対応するプロパティの直後に、**get** という名前で関数のように記述します。そして、対応するプロパティが参照されたときに呼び出され、値を返します。カスタムゲッターは、関数のように返り値の型を省略可能であったり、**return** の代わりに=記号を使ったりすることができます。

カスタムゲッターの省略記法 〔リスト8.7〕
```
val nameLength: Int
  get() = this.name.length
```

カスタムゲッターとは逆に、プロパティに値を設定する際に呼び出される関数のような存在である、**カスタムセッター**（custom setter）も、プロパティは持つことができます。

カスタムセッターの例　　　　　　　　　　　　　　　　　　　　　　リスト8.8

```kotlin
class Person {
  var name: String = ""
    set(value) {
      println("${value}がセットされました")
      field = value
    }

  var age: Int = 0
  val nameLength: Int
    get(): Int {
      return this.name.length
    }
}

fun main(args: Array<String>) {
  val hanako = Person()
  hanako.name = "はなこ" // 「はなこがセットされました」を出力
  println(hanako.name) // 「はなこ」を出力
}
```

プロパティ`name`に、カスタムセッターを定義しました。カスタムセッターは、名前が`set`で、引数を1つ取る関数のように見えます。引数の名前は、何でもかまいませんが`value`とするのが一般的です。また、引数の型を指定することもできますが、冗長なので省略します。

プロパティにセットされようとしている値が、カスタムセッターの引数`value`として渡ってきます。これをバッキングフィールドに格納しているので`field = value`となります。`field`は、バッキングフィールドを表す暗黙の変数です。うっかり`name=value`と記述すると、カスタムセッターが無限に呼び出され続け、スタックが尽きてプログラムがクラッシュします。

3.2 遅い初期化

バッキングフィールドを持つようなプロパティは、必ず初期化してやる必要があります。しかし、DI（Dependency Injection）やユニットテストなどにおいて、この制約は不便な場合があります。そこで、初期化のタイミングを遅らせるための修飾子 **lateinit** を使うと便利です。

lateinitを付けたプロパティ　　　　　　　　　　　　　　　　　　　　　リスト8.9
```
class MyClass {
  lateinit var foo: String
}
```

リスト8.9のプロパティ **foo** は、修飾子 **lateinit** が付いているため、プロパティ定義時に初期化する必要がありません。**lateinit** を付けるプロパティは、**var** によって定義されたものに限ります。また、初期化される前に **lateinit** 付きのプロパティにアクセスすると、**kotlin.UninitializedPropertyAccessException** という例外をスローするので、取り扱いには注意が必要です。DIやユニットテスト以外の場面での使用は控えた方が無難でしょう。

4

this

　メソッドやプロパティのことを、まとめてクラスの**メンバ**（member）と呼びます。メンバにアクセスするとき、「**目的のオブジェクトへの参照 ＋ ． ＋ メンバ名**」と記述します。あるメンバが、同一クラス内の別のメンバにアクセスする際には、**this**式により、目的オブジェクト（すなわち自分自身）への参照を取得することができます。

　メンバへのアクセスは、リスト8.8のプロパティ**nameLength**のカスタムゲッターで既に登場しています。**this.name**により、自分自身のプロパティ**name**を参照しているのです。

　自分自身のメンバにアクセスする際には、**this**を省略することができます。プロパティ**nameLength**のカスタムゲッターでは、単に**name**とすることで、自分自身のプロパティ**name**を参照可能です。

第8章

5 コンストラクタとイニシャライザ

プロパティの初期化を手伝うため、コンストラクタに引数を取らせてみましょう。リスト8.10は、コンストラクタで引数を受け取り、それをプロパティ **numerator**（分子）、**denominator**（分母）に代入しているクラス **Rational**（有理数、分数）の例です。キーワード **constructor** の後に、コンストラクタの引数リストを宣言します。

引数を取るコンストラクタ　　　　　　　　　　　　　　　　　　　　　リスト8.10

```
class Rational constructor(n: Int, d: Int) {
  val numerator: Int = n
  val denominator: Int = d
}

fun main(args: Array<String>) {
  val half = Rational(1, 2)
  println(half.numerator)    //「1」を出力
  println(half.denominator)  //「2」を出力
}
```

このように、コンストラクタの引数をそのままプロパティとして使いたいことが、よくあります。そういうときは、コンストラクタ引数に **val** や **var** を付けると、それがそのままプロパティとなります。リスト8.10は、リスト8.11のように書き直すことができます。

引数をそのままプロパティに　　　　　　　　　　　　　　　　　　　　リスト8.11

```
class Rational(val numerator: Int, val denominator: Int)
```

キーワード **constructor** を削除しましたが、先ほどと意味は変化ありません。コンストラクタに修飾子やアノテーションを付加しない場合、キーワード **constructor** は省略可能です。

5.1 セカンダリコンストラクタ

リスト8.10やリスト8.11で見たようなコンストラクタのことを、**プライマリコンストラクタ**（primary constructor）と呼びます。コンストラクタを複数ほしい場合がありますが、クラスは、プライマリコンストラクタとは別に**セカンダリコンストラクタ**（secondary constructor）を0個以上持つことができます。

`numerator`のみを受け取り、`denominator`には自動的に1を設定するようなセカンダリコンストラクタを定義しました（リスト8.12）。

セカンダリコンストラクタ　　　　　　　　　　　　　　　　　　　リスト8.12
```kotlin
class Rational(val numerator: Int, val denominator: Int) {
  constructor(numerator: Int) : this(numerator, 1)
}

fun main(args: Array<String>) {
  val half = Rational(1, 2)
  println("${half.numerator}/${half.denominator}") // 「1/2」を出力

  val five = Rational(5)
  println("${five.numerator}/${five.denominator}") // 「5/1」を出力
}
```

セカンダリコンストラクタの引数リストの後に、: 記号を挟んで、プライマリコンストラクタを呼び出しています。

ただし今回の場合は、セカンダリコンストラクタを定義するよりも、プライマリコンストラクタの引数`denominator`にデフォルト値を設定した方がよいでしょう（リスト8.13）。

コンストラクタ引数にもデフォルト値を設定可能　　　　　　　　　リスト8.13
```kotlin
class Rational(val numerator: Int, val denominator: Int = 1)
```

5.2 イニシャライザ

インスタンス生成の際に実施しておきたい処理（すなわち初期化）を、クラス内に定義することができたら便利です。それを可能にするのが、**イニシャライザ**（initializer）です。イニシャライザは、キーワード**init**の後に波括弧でブロックを形成し、コードを記述することができます。このブロックが、インスタンス生成時に実行されるわけです。

分母が0の**Rational**インスタンスを生成しないように、イニシャライザに事前条件を記述したコードがリスト8.14です。

イニシャライザの例　　　　　　　　　　　　　　　　　　　　リスト8.14

```
class Rational(val numerator: Int, val denominator: Int = 1) {
  init {
    // 要求に反した場合、例外をスローする標準ライブラリの関数
    require(denominator != 0)
  }
}

fun main(args: Array<String>) {
  Rational(1, 1) // OK
  Rational(1, 0) // IllegalArgumentExceptionがスローされる
}
```

第8章 エクステンション

例えば、文字列中に含まれる単語の数を求める関数countWordsを定義すると、リスト8.15のようになります。

Stringを引数にとる関数 / リスト8.15
```kotlin
fun countWords(s: String): Int =
    s.split("""\s+""".toRegex()).size
```

countWordsは型Stringの引数を取り、それを空白文字で分割して得られたリストの要素数を返すだけという、単純なつくりになっています。countWordsの呼び出し方は、リスト8.16のとおりです。

Stringを引数にとる関数の呼び出し例 / リスト8.16
```kotlin
countWords("I like  Kotlin") //=> 3
```

ところで、Kotlinには、既存のクラスに対して、その定義に手を加えず、メソッドを追加するような仕組みがあります。これを、あるいはこの仕組みにより定義された関数を**拡張関数**（extension function）と呼びます。関数countWordsをStringの拡張関数として定義すると、リスト8.17のようにまるでStringのメソッドであるかのように呼び出すことが可能です。

Stringに対する拡張関数の呼び出し例 / リスト8.17
```kotlin
"I like  Kotlin".countWords()
```

肝心の拡張関数の定義の仕方ですが、簡単です。レシーバ（メソッド呼び出しの受け手）となるクラス（正確には型）の名前と関数名の間に「.」記号を置くだけです。関数countWordsの拡張関数バージョンをリスト8.18に示します。

> **Stringに対する拡張関数**　　　　　　　　　　　　　　リスト8.18
> ```
> fun String.countWords(): Int =
>     this.split("""\s+""".toRegex()).size
> ```

　拡張関数内では、レシーバへの参照を**this**により取得することができます。今回の場合は、**this**を省略可能です。

　拡張プロパティも定義可能です。ただし、バッキングフィールドを持つことはできません。

　関数**countWords**の拡張プロパティバージョンである**wordsCount**を、リスト8.19に定義しました。カスタムゲッターの中で単語数を計算し、返しています。

> **Stringに対する拡張プロパティ**　　　　　　　　　　　リスト8.19
> ```
> val String.wordsCount: Int
>   get() = split("""\s+""".toRegex()).size
>
> fun main(args: Array<String>) {
>   println("I like  Kotlin".wordsCount)
> }
> ```

　拡張関数や拡張プロパティをまとめて、**エクステンション**（extension）と呼ぶことがあります。

まとめ

本章では、クラスとそのメンバ、そしてエクステンションについて学びました。

- コンストラクタを呼び出すことで、そのクラスのインスタンスが得られます。
- クラスはメソッドを持ちます。これは、オブジェクトを操作するための関数のようなものです。
- クラスはプロパティを持ちます。これは、オブジェクトのデータへのアクセス方法を提供します。
- プロパティには対応するバッキングフィールドが自動生成される場合があり、オブジェクトの内部状態を保持します。
- プロパティに、カスタムゲッターやカスタムセッターを定義することができます。
- DIなどのツールやフレームワークとの連携のため、キーワード`lateinit`によりプロパティの初期化を後回しにできます。
- クラスは、プライマリコンストラクタと、セカンダリコンストラクタ、イニシャライザを持ちます。
- 既存の型に対して、拡張関数や拡張プロパティを定義することができます。

第9章 継承と抽象クラス

前章で学んだクラスを拡張し、強化する「継承」という仕組みと、継承を前提とした特殊なクラスである「抽象クラス」について解説します。最後には、クラスを使いこなす上で忘れてはいけない「可視性」について詳しく解説します。

第9章-1 クラスの継承

　クラスは、別のクラスを**継承**（inheritance）することで、既存のクラスの機能を拡張することができます。
　仮に今、人物を表すクラス**Person**があり、これを継承して、新しいクラス**Student**を定義したいとします。クラスを継承するには、自身のクラス名の直後（コンストラクタ引数リストがある場合はその直後）に、「:」記号に続けて、継承したいクラス名とコンストラクタを記述します。リスト9.1のような感じです。

第 9 章

> **クラス Person と Student** リスト9.1
> ```
> class Person(val name: String) {
>   fun introduceMyself() {
>     println("I am $name.")
>   }
> }
>
> class Student(name: String, val id: Long): Person(name)
> ```

このとき、継承元クラス（**Person**）のことを**スーパクラス**（superclass）と呼び、継承先クラス（**Student**）のことを**サブクラス**（subclass）と呼びます。

あ！ 大事なことを言い忘れていました。リスト9.1は、コンパイルに失敗します。Kotlinは、デフォルトではクラスを継承することができません[1]。クラス **Person** を継承可能にするには、修飾子 **open** をクラスに対して付ける必要があります。**Person** に **open** を付けて、実際に継承を行っている例をリスト9.2に示します。

> **スーパクラスのメンバを継承する** リスト9.2
> ```
> open class Person(val name: String) {
>   fun introduceMyself() {
>     println("I am $name.")
>   }
> }
>
> class Student(name: String, val id: Long): Person(name)
>
> fun main(args: Array<String>) {
>   val person: Person = Person("ゆたか")
>   person.introduceMyself() // 「I am ゆたか.」を出力
>
>   val student: Student = Student("くみこ", 123)
>   println(student.id)      // 「123」を出力
>   println(student.name)    // 「くみこ」を出力
>   student.introduceMyself() // 「I am くみこ.」を出力
> }
> ```

---

[1] デフォルトで継承禁止なのは少々厳しい印象を受けます。しかし、この慎重な設計思想は書籍『Effective Java』（邦訳はJoshua Bloch著、柴田芳樹訳『Effective Java 第2版』、2014年、丸善出版）の項目17（第2版時点）に基づいています。それは「継承のために設計および文書化する、でなければ継承を禁止する」という教えです。継承は便利で強力であるがゆえに、影響が大きく、実は扱いが難しい機能です。

継承の便利なポイントのひとつは、「スーパクラスのメンバを、サブクラスも自動的に持つことになる」というところです。クラス**Student**の定義にメソッド**introduceMyself**は登場しませんが、スーパクラス**Person**からそれを受け継いでいるので、自分のメソッドのように使用することが可能です。

クラス**Student**のコンストラクタ引数**name**には、**var**や**val**を付けていません。受け取ったコンストラクタ引数を、**Person(name)**として、スーパクラスのコンストラクタに渡しています。スーパクラス**Person**では、**name**をプロパティとして定義しているので、**Student**で改めて定義する必要がないのです。

サブクラスは、スーパクラスが持たないメンバを新たに定義することができます。**Student**では、プロパティ**id**を追加しています。

第 9 章

2 メンバの オーバライド

スーパクラスから受け継いだメンバを、サブクラスが上書き（実装を再定義）することができます。これを**オーバライド**（override）と言います。継承と同じように、オーバライドもデフォルトでは禁止されています。オーバライド可能なメンバには、修飾子**open**を付けます。

メソッドのオーバライド例をリスト9.3に示します。

メソッドのオーバライド　　　　　　　　　　　　　　　　　　　　　リスト9.3
```
open class Person(val name: String) {
  open fun introduceMyself() {
    println("I am $name.")
  }
}

class Student(name: String, val id: Long) : Person(name) {
  override fun introduceMyself() {
    println("I am $name(id=$id)")
  }
}

fun main(args: Array<String>) {
  val student: Student = Student("くみこ", 123)
  student.introduceMyself() // 「I am くみこ(id=123)」を出力
}
```

クラス**Person**のメソッド**introduceMyself**に修飾子**open**を付けて、オーバライド可能にしました。そして、それをクラス**Student**でオーバライドしています。オーバライドする際には、必ず修飾子**override**を付ける必要があります。このルールにより「オーバライドしたと思っていたが、実はしていなかった」とか、その逆に「オーバライドしていないと思っていたが、実はしていた」というよくあるミスを回避することができます。

2 メンバのオーバライド

オーバライドした上で、スーパクラスの実装、すなわちオーバライド前の実装をそのまま使いたい場合があります。そのような場合は、**super.メンバ**という書式で記述するだけです（リスト9.4）。

スーパクラスでの実装を使う / リスト9.4

```kotlin
class Student(name: String, val id: Long) : Person(name) {
  override fun introduceMyself() {
    println("--自己紹介ここから--")
    super.introduceMyself()
    println("--自己紹介ここまで--")
  }
}
```

プロパティも、同様にオーバライドすることができます（リスト9.5）。コンストラクタ引数**name**に、**open**や**override**を付けるだけです。カスタムゲッターやカスタムセッターを再定義することもできます。

プロパティのオーバライド / リスト9.5

```kotlin
open class Person(open val name: String) {
  open fun introduceMyself() {
    println("I am $name.")
  }
}

class Student(override val name: String, val id: Long) : Person(name) {
  override fun introduceMyself() {
    println("I am $name(id=$id)")
  }
}
```

第 9 章

3 スーパタイプと サブタイプ

　クラスを定義すると、同名の型が手に入るという話を、前章でしました。クラスを継承して新しいクラスを定義すると、同じように対応する新しい型が手に入りますが、面白いことにスーパクラスの型とサブクラスの型も継承関係にあります。

　スーパクラスの型を**スーパタイプ**（supertype）、サブクラスの型を**サブタイプ**（subtype）と呼びます。サブタイプのオブジェクトは、スーパタイプのオブジェクトとして扱うことができます。言い換えると、スーパタイプのオブジェクトに対して可能な操作はすべて、サブタイプのオブジェクトにも適用可能ということです。サブクラス（サブタイプ）は、スーパクラス（スーパタイプ）のメンバを継承こそすれ、削除はできないからです。

> Student は Person である　　　　　　　　　　　　　　　　リスト 9.6
> ```
> val person: Person = Student("たろう", 456)
> person.introduceMyself() // 「I am たろう(id=456)」を出力
> person.id // コンパイルエラー
> ```

　リスト 9.6 を見てください。まず Student インスタンスへの参照を、型 Person の変数 person に代入しています。これは OK です。実体は Student インスタンスですが、person の見かけ上の型は Person になります。実体は Student なので、メソッド introduceMyself を呼び出すと、クラス Student でオーバライドした実装が実行されます。しかし、見かけ上の型は Person なので、Student で追加したプロパティ id にアクセスすることはできません。

4 Any

クラス**Student**は、クラス**Person**を継承しています。クラス**Person**は、何かクラスを継承しているのでしょうか？ 答えはイエスです。

継承の記述を省略した場合、自動的にクラス**Any**を継承することになります。つまり、すべてのクラスが、クラス**Any**のメンバを継承しているということです。それと同時に、すべての型が、型**Any**のサブタイプということでもあります。

クラス**Any**は、Kotlinの標準ライブラリの提供するクラスです。**Any**は、すべてのオブジェクトに共通する、基本的なメソッドを提供しています。

表9.1 Anyの提供するメソッド

メソッドシグネチャ	説明
open fun toString(): String	このオブジェクトの文字列表現を返します。
open operator fun equals(other: Any?): Boolean	自身と引数のオブジェクトが同一である場合に**true**を返します。
open fun hashCode(): Int	このオブジェクトのハッシュコードを返します。

前章のリスト 8.2 を思い出してください。**MyClass**オブジェクトを`println`に渡した結果「MyClass@372f7a8d」と出力されたのでした。これは、**MyClass**が**Any**から継承し、オーバライドしていないメソッド`toString`が返した内容です。

各クラスは、**Any**が提供するメソッドを適切にオーバライドする必要があります。

第9章

抽象クラス

メンバのオーバライドを、サブクラスに強制する仕組みがあります。それが**抽象メンバ**（abstract member）です。メソッドやプロパティに修飾子**abstract**を付けることで、抽象メソッド、抽象プロパティとなります。抽象メンバは実装を持ちませんが、サブクラス側はそれをオーバライドする義務を負います。

当然、抽象メンバをそのまま呼び出すことはできないので、抽象メンバを持つクラスは、**抽象クラス**（abstract class）として定義することになります。抽象クラスは、修飾子**abstract**が付いたクラスで、インスタンス化はできません。

リスト9.7に、抽象クラスと抽象メソッドの例を示します。

抽象クラスGreeter　　　　　　　　　　　　　　　　　　　　　　　　リスト9.7
```
abstract class Greeter(val target: String) {
  abstract fun sayHello()
}

class EnglishGreeter(target: String) : Greeter(target) {
  override fun sayHello() {
    println("Hello, $target!")
  }
}

class JapaneseGreeter(target: String) : Greeter(target) {
  override fun sayHello() {
    println("こんにちは、$target！")
  }
}

fun main(args: Array<String>) {
  // 「Hello, Kotlin!」を出力
```

```
    EnglishGreeter("Kotlin").sayHello()

    // 「こんにちは、Java！」を出力
    JapaneseGreeter("Java").sayHello()
}
```

　抽象クラスや抽象メンバは、継承やオーバライドされることが前提にあるので、修飾子**open**を付けずとも継承・オーバライドが可能です。抽象クラスは、**abstract**が付いたり、抽象メンバが持てたり、インスタンス化ができないだけで、他の部分は通常のクラスと同じです。コンストラクタを持ち、通常のメソッドやプロパティ（抽象と対比させるため具象という言葉が使われることがあります）を持つことができます。具象クラス**EnglishGreeter**と**JapaneseGreeter**は、抽象クラス**Greeter**を継承し、メソッド**sayHello**をオーバライドしています。もしオーバライドしていなかったら、コンパイルエラーとなります。

第 9 章

6

可視性

少し話題を変えて、名前空間と可視性について学び、この章を締めくくりたいと思います。

6.1 パッケージ

Kotlinでは、Javaと同じように**パッケージ**（package）により名前空間を区切ります。パッケージ直下には、下記のプログラム構成要素を宣言することができます。

- 関数
- プロパティ
- クラス
- インタフェース
- オブジェクト

例えば、同一パッケージ内に、同名のクラスを複数定義することはできません。逆に言うと、異なるパッケージであれば、同名のクラスを定義することが可能です。

パッケージの宣言は、ファイル先頭でキーワード**package**を使用します。

パッケージの宣言例 — リスト9.8
```
package sample.hoge
class Foo
```

リスト9.8のクラス**Foo**は、パッケージ**sample.hoge**に属すことになります。クラス**Foo**の、完全修飾名（fully qualified name）は**sample.hoge.Foo**となります。同一パッケージ内では、単に**Foo**という名前でアクセスすることができます。しかし、異なるパッケージでは**sample.hoge.Foo**という名前でアクセスしなければなりません。

対象のクラスを**インポート**（import）することで、単純な名前（この場合**Foo**）でアクセス可能になります。

> **インポートの例**　　　　　　　　　　　　　　　　　　　　　　　　　リスト9.9
> ```
> package sample.fuga
> import sample.hoge.Foo
> import sample.fuga.Baz as Beer
> class Baz
>
> class Bar {
>   fun doSomethingGood() {
>     Foo() // インポートしているからOK
>     sample.hoge.Foo() // これもOK
>     Beer() // 別名インポートしているからOK
>   }
> }
> ```

リスト9.9のクラス**Bar**は、パッケージ**sample.fuga**に属しています。このクラスから、リスト9.8のクラス**Foo**に単純な名前でアクセスするために、インポートしています。キーワード**import**に続けて、インポートしたいクラスの完全修飾名を記述します。

ここまでは、おおむねJavaのパッケージと同じです。ただし、Javaと異なりKotlinでは、別名インポートが可能です。クラスなどのインポートの際、「**as + 別名**」と記述することで、指定した別名で、対象のクラスにアクセスすることができます。例えば**import sample.fuga.Baz as Beer**と記述すると、クラス**sample.fuga.Baz**に**Beer**という名前でアクセス可能になります。

6.2 ─ トップレベルにおける可視性修飾子

パッケージ直下（すなわちトップレベル）に宣言できる、関数やクラスなどには、**可視性修飾子**（visibility modifier）を付けることで、アクセス可能な範囲（公開範囲）を調節できます。可視性修飾子は3つあり、それぞれ公開範囲が異なります。トップレベルにおける可視性修飾子を表9.2にまとめます。

表9.2
トップレベルにおける可視性修飾子

修飾子	公開範囲
public（デフォルト）	公開範囲に制限はなく、どこからでもアクセス可能です。
internal	同一モジュール内に限り、全公開です。
private	同一ファイル内のみ、アクセス可能です。

`public`と`private`は単純です。リスト9.10とリスト9.11に示すコードがそれぞれ記述された、別々のファイルが存在するとします。リスト9.10（ファイル functions.kt）の関数`privateFunction`は、ファイル main.ktからアクセスすることはできません。

ファイル functions.kt　　リスト9.10
```
package sample

public fun publicFunction() {}
private fun privateFunction() {}
internal fun internalFunction() {}
```

ファイル main.kt　　リスト9.11
```
package sample

fun main(args: Array<String>) {
  publicFunction()  // OK
  privateFunction() // コンパイルエラー
}
```

`internal`の「同一モジュール内」というのは、同一のコンパイル単位であることを表しています。IntelliJ IDEAにおける「モジュール」や、Maven、Gradleの1つのプロジェクトも、同一モジュールと見なされます。修飾子`internal`は、ライブラリやフレームワークの開発者がよく使うことになるでしょう。ライブラリ内部では共通に扱える関数やクラスを、非公開にしたいということはしばしばあります。

6.3 クラスにおける可視性修飾子

クラスやインタフェースのメンバにも、可視性修飾子を付けることができます。トップレベルにおけるそれとは、若干振る舞いが異なることに注意してください。クラスにおける可視性修飾子は、4種類あります。表9.3にまとめます。

表9.3 クラスにおける可視性修飾子

修飾子	公開範囲
public（デフォルト）	公開範囲に制限はなく、どこからでもアクセス可能です。
internal	同一モジュール内に限り、全公開です。
protected	同一クラス内と、サブクラス内からアクセス可能です。
private	同一クラス内のみ、アクセス可能です。

リスト9.12は、同一ファイル内に記述されたコードです。クラス`Bar`は、クラス`Foo`のサブクラスとなっています。このとき、`Bar`の中からは、メソッド`privateMethod`にアクセスすることができません。同一ファイル内ですが、別クラスだからです。一方、`protected`なメソッド`protectedMethod`は、アクセス可能です。クラス`Foo`と継承関係のないクラス`Baz`から、メソッド`protectedMethod`にアクセスすることはできません。

ファイル sample.kt　　リスト9.12
```
open class Foo {
  private fun privateMethod() {}
  protected fun protectedMethod() {}
}

class Bar: Foo() {
  fun execute() {
    privateMethod() // コンパイルエラー
    protectedMethod() // OK
  }
}
```

```
class Baz {
  fun execute(foo: Foo) {
    foo.protectedMethod() // コンパイルエラー
  }
}
```

プライマリコンストラクタにも、可視性修飾子を付けることができます。前章でも触れましたが、プライマリコンストラクタに修飾子やアノテーションを付ける場合は、キーワード**constructor**を省略することができないことに注意してください。

privateなプライマリコンストラクタの例を、リスト9.13に示します。

privateなコンストラクタ　　リスト9.13
```
open class Hoge private constructor()

class Fuga: Hoge() // コンパイルエラー
```

クラス**Hoge**は、他クラスからのコンストラクタを使用した直接的なインスタンス生成は不可能です。また、コンストラクタにアクセスすることができないため、クラス**Hoge**を、外部のクラスが継承することはできません。

可視性の一般的な原則としては、公開範囲を必要最低限にとどめることです。そして、APIを公開するということは、後方互換性を維持したり、予期せぬ使い方への対処などに責任を負うことになります。次章ではインタフェースについて解説します。クラスの**public**なメソッドやプロパティは、インタフェースの提供するそれらを実装するとよいでしょう。

第9章 7

まとめ

　本章では、クラスの継承、メンバのオーバライド、抽象クラス、そして可視性について学びました。

- クラスは、別のクラスを継承することで、機能を拡張することができます。
- メンバをオーバライドすると、スーパクラスとは異なる実装を持つことができます。
- 継承可能なクラスやオーバライド可能なメンバには、修飾子 **open** を付ける必要があります。
- すべてのクラスは、**Any** を継承していることになり、すべての型は、**Any** のサブタイプです。
- 抽象クラスは抽象メンバを持つことができますが、インスタンスを生成することはできません。
- 抽象メンバは、具象サブクラスに対して、実装する義務を課します。
- 可視性修飾子により、関数やクラスの公開範囲を指定することができます。

第10章 インタフェース

本章でとり上げるのは「インタフェース」です。インタフェースそのものは単純ですが、実装を持つインタフェースの複数実装や、デリゲーションなど、便利な反面、ルールが少し複雑な仕組みがあります。これらを丁寧に解説していきます。

第10章 1 インタフェースの定義と実装

インタフェース（interface）はその名のとおり、実装するオブジェクトの境界におけるプロトコル（規約、取り決め）を表現するものです。形式的には「抽象クラスの、状態を持たない版」と言うことができますが、「境界でのプロトコル」という面が強いです。

言葉で説明するよりも、実際のコードを見た方が理解しやすいでしょう。シンプルなインタフェースの例をリスト10.1に示します。

> **インタフェース Greeter**　　　　　　　　　　　　　　　　　　　リスト10.1
> ```
> interface Greeter {
>   val language: String
>   fun sayHello(target: String)
> }
> ```

インタフェースは、クラスと同じようにトップレベルに定義することができ、同名の型を導入します。インタフェースのメンバは、基本的には「抽象メンバ」です。修飾子 **abstract** を明示的に指定することは可能ですが、冗長なので普通は記述しません。また、抽象メンバは常に **public** です。

インタフェース **Greeter** は、2つの抽象メンバを持っています。抽象プロパティ **language** と、抽象メソッド **sayHello** です。

プロパティ **language** は、挨拶文の言語を返す想定です。単純なプロパティなので、バッキングフィールドを持つよう、コンストラクタで定義してしまえばいいように思えます。しかし、インタフェースは、コンストラクタも状態（バッキングフィールド付きプロパティ）も持つことができません。

インタフェースは、抽象クラスのように、直接インスタンス化することはできません。クラス（抽象、具象問わず）がインタフェースを**実装**（implement）する形で利用します。具象クラスの場合は、インタフェースが提供する抽象メンバをオーバライドする義務が発生します。

インタフェースの実装例をリスト10.2に示します。

> **インタフェースの実装例**　　　　　　　　　　　　　　　　　　　リスト10.2
> ```
> class EnglishGreeter : Greeter {
>   override val language = "English"
>   override fun sayHello(target: String) {
>     println("Hello, $target!")
>   }
> }
> ```

大部分で、抽象クラスの継承に似ています。異なる点は、2つあります。まず、実装対象のインタフェース名を宣言するのみで、クラスの継承のようにコンストラクタを指定しているわけではないということです。そしてもう1つは、継承可能なクラスは最大1つであるのに対し、インタフェースは複数実装してもかまいません。スーパクラス

インタフェースの定義と実装

やインタフェースを列挙するときには、カンマで区切る必要があります（リスト10.3）。

複数のインタフェースの実装　　　　　　　　　　　　　　　　　　　　　リスト10.3
```
open class Superclass

interface Foo
interface Bar

class MyClass: Superclass(), Foo, Bar
```

第10章 2 デフォルト実装とコンフリクトの回避

インタフェースは複数実装することができるのでした。同一シグネチャのメソッドを提供するインタフェースを2つ以上実装した場合、何か問題は起こらないのでしょうか？

リスト10.4のようなケースを考えます。インタフェース**Foo**と**Bar**には、同一シグネチャの抽象メソッドが宣言されています。これらを実装するクラス**FooBar**では、何も問題が起こりません。単にメソッド**execute**をオーバライドしてやればよいのです。

同一シグネチャのメソッドの実装 リスト10.4

```kotlin
interface Foo {
  fun execute()
}

interface Bar {
  fun execute()
}

class FooBar : Foo, Bar {
  override fun execute() {
    println("FooBar")
  }
}
```

次に、リスト10.5のようなケースを考えます。インタフェース**Foo**と、クラス**Superclass**で、同一シグネチャのメソッドがあります。**Superclass**の方では、実装が存在します。この場合も、**Superclass**を継承し、**Foo**を実装するクラス**FooSubclass**で問題は起こりません。クラス**FooSubclass**にメソッド**execute**のオーバライド義務はありません。スーパクラスである**Superclass**で、既に実装が提供されているからです。もちろん、メソッド**execute**をオーバライドすることも可能です。

```
┌─ インタフェースとクラスで同一シグネチャメソッド ──────────────── リスト10.5 ─┐
│ interface Foo {                                                              │
│   fun execute()                                                              │
│ }                                                                            │
│                                                                              │
│ open class Superclass {                                                      │
│   open fun execute() {                                                       │
│     println("Superclass")                                                    │
│   }                                                                          │
│ }                                                                            │
│                                                                              │
│ class FooSubclass : Superclass(), Foo                                        │
└──────────────────────────────────────────────────────────────────────────────┘
```

最後のケースは厄介そうです。実は、インタフェースの提供するメンバは、実装を持つことができます（ただし、バッキングフィールドを持ったプロパティは持てません）。リスト10.6では、実装を持った同一シグネチャのメソッドが、インタフェース**Hoge**、**Fuga**に定義されています。これらを実装するクラス**HogeFuga**では、メソッド**execute**をオーバライドしていません。既に提供されている実装を使いたいからです。

```
┌─ 実装を持った2つのインタフェースの実装 ──────────────────────── リスト10.6 ─┐
│ interface Hoge {                                                             │
│   fun execute() {                                                            │
│     println("Hoge")                                                          │
│   }                                                                          │
│ }                                                                            │
│                                                                              │
│ interface Fuga {                                                             │
│   fun execute() {                                                            │
│     println("Fuga")                                                          │
│   }                                                                          │
│ }                                                                            │
│                                                                              │
│ class HogeFuga: Hoge, Fuga                                                   │
└──────────────────────────────────────────────────────────────────────────────┘
```

残念ながら、リスト10.6は、コンパイルに失敗します。なぜなら、クラス**HogeFuga**が、インタフェース**Hoge**と**Fuga**のどちらの**execute**実装を使用するのか、曖昧だからです。このように、具象メソッドにもかかわらず、複数の実装が提供されており、曖昧さが発生する場合には、オーバライドの義務を負うことになります。

今回、クラス**HogeFuga**では、インタフェース**Hoge**の実装を使用したかったとしましょう。その場合は、リスト10.7のように、オーバライドした上で、「**super<インタフェース名 or クラス名> ＋ . ＋ メソッド**」という書式でメソッドを呼び出します。これで、曖昧さは排除されました。

インタフェースHogeの実装を使用する　　　　　　　　　　　　　　　リスト10.7
```
class HogeFuga : Hoge, Fuga {
  override fun execute() {
    super<Hoge>.execute()
  }
}
```

なお、インタフェースに定義される具象メンバは、常にオーバライド可能なため、修飾子**open**を省略可能です。

第10章 3

インタフェースの継承

インタフェースは、別のインタフェースを継承することができます。継承すると、継承元のインタフェースのメンバを受け継ぐことになります。

インタフェースの継承 リスト10.8

```
interface Foo {
  fun aaa()
  fun bbb()
}

interface Bar: Foo {
  override fun aaa() {}
  fun ccc()
}

class Baz: Bar {
  override fun bbb() {}
  override fun ccc() {}
}
```

4 デリゲーション

今、リスト10.9にあるようなインタフェース**Greeter**が存在しています。そして、このインタフェースを実装する具象クラス**JapaneseGreeter**が存在するとします。

インタフェース Greeter　　　　　　　　　　　　　　　　　　　　リスト10.9
```
interface Greeter {
  fun sayHello(target: String)
  fun sayHello()
}
```

JapaneseGreeterは、単純な実装になっています。REPLで動きを確認すると、次のようになります。

```
>>> val greeter = JapaneseGreeter()
>>> greeter.sayHello()
こんにちは、匿名さん！
>>> greeter.sayHello("たろう")
こんにちは、たろうさん！
```

この、誰かが作成してくれた**JapaneseGreeter**を拡張したい欲求に駆られました。**String**を取る方のメソッド**sayHello**に、引数として渡ってくる名前を記録する機能を追加したいと思います。ありがたいことに、クラス**JapaneseGreeter**は**open**指定されており、継承が可能です。名前を記録する新しいクラス**JapaneseGreeterWithRecording**を、思いついたままに実装したのが、リスト10.10です。

4 デリゲーション

クラスJapaneseGreeterWithRecording　　　　　　　　　　　　　　　　　　リスト10.10
```
class JapaneseGreeterWithRecording : JapaneseGreeter() {
  private val _targets: MutableSet<String> = mutableSetOf()

  val targets: Set<String>
    get() = _targets

  override fun sayHello(target: String) {
    _targets += target
    super.sayHello(target)
  }
}
```

　Stringを取る方のメソッド**sayHello**をオーバライドし、**target**を非公開プロパティ **_target** に記録し、実際の挨拶にはスーパクラスの実装を使っています。公開プロパティ **targets** を使って、今までに挨拶した名前を取得することができるという寸法です。

　なるほど、非常にシンプルな実装です。実際に動かしてみます。

```
>>> val greeter = JapaneseGreeterWithRecording()
>>> greeter.sayHello("うらがみ")
こんにちは、うらがみさん！
>>> greeter.sayHello("がくぞ")
こんにちは、がくぞさん！
>>> greeter.targets
[うらがみ, がくぞ]
```

　大成功です！　もう少し遊んでみましょう。

```
>>> greeter.sayHello("***")
こんにちは、***さん！
>>> greeter.sayHello()
こんにちは、匿名さん！
>>> greeter.targets
[うらがみ, がくぞ, ***, 匿名]
```

あれ！？ 引数を取らない方のメソッド**sayHello**を呼び出したときに使用される「匿名」という名前も、記録してしまっています。これは期待しない動作です。

このように、具象クラスを継承して、いわゆる差分プログラミングを行うと、コード量を少なく抑えることができて簡単な反面、スーパクラスの実装の詳細に依存してしまい、脆いクラスが誕生してしまいます。そこで、**委譲**（delegation）と呼ばれる、あるオブジェクトの仕事を別のオブジェクトに任せる手法を採用します。委譲を行うバージョンの**JapaneseGreeterWithRecording**を、リスト10.11に示します。

委譲を行うバージョン　　　　　　　　　　　　　　　　　　　　　リスト10.11
```kotlin
class JapaneseGreeterWithRecording : Greeter {
  private val greeter: Greeter = JapaneseGreeter()

  private val _targets: MutableSet<String> = mutableSetOf()

  val targets: Set<String>
    get() = _targets

  override fun sayHello() {
    greeter.sayHello()
  }

  override fun sayHello(target: String) {
    _targets += target
    greeter.sayHello(target)
  }
}
```

クラス**JapaneseGreeterWithRecording**が、**JapaneseGreeter**の継承をやめて、インタフェース**Greeter**を実装するように変更したことに注目してください。そして、仕事の委譲先として**JapaneseGreeter**オブジェクトを持っています。引数を取らない方のメソッド**sayHello**の実装は、**JapaneseGreeter**オブジェクトに任せているだけです。引数を取る方の**sayHello**の実装は、**target**の記録をした後に、**JapaneseGreeter**オブジェクトのメソッドに仕事を投げています。新しい**JapaneseGreeterWithRecording**を試してみましょう。

```
>>> val greeter = JapaneseGreeterWithRecording()
>>> greeter.sayHello()
こんにちは、匿名さん！
>>> greeter.sayHello("たろう")
こんにちは、たろうさん！
>>> greeter.targets
[たろう]
```

うまく動きました！

さて、ここまでは一般的なプログラミングのテクニックの話でした。継承を避け、委譲を使うことで、スーパクラスの実装の影響を受けなくなります。このパターンの欠点は、コード量が多くなる点です。リスト10.11では、自分自身で特別な仕事をせず、単に別オブジェクトへ委譲するだけのメソッドも、1つ1つ記述する必要があるのです。Kotlinには、この欠点を補う仕組みが用意されており、**クラスデリゲーション**（class delegation）と呼びます。

この仕組みを使って、`JapaneseGreeterWithRecording`を書き直したコードがリスト10.12です。

クラスデリゲーションを使った例　　　リスト10.12
```kotlin
class GreeterWithRecording(private val greeter: Greeter) : Greeter by greeter {
  private val _targets: MutableSet<String> = mutableSetOf()

  val targets: Set<String>
    get() = _targets

  override fun sayHello(target: String) {
    _targets += target
    greeter.sayHello(target)
  }
}
```

プライマリコンストラクタで、`Greeter`実装を受け取るように変更しました（それに伴い、クラス名も`GreeterWithRecording`に変更しています）。注目すべきは、実装するインタフェース名の後の「`by greeter`」です。「このクラスは、インタフェース`Greeter`を実装するけど、オーバライドしていないメンバは、`greeter`に委譲するよ」という表明です。ただ委譲するだけのメソッド（引数を取らない方の`sayHello`）を、

オーバライドする記述が消えていますが、この表明（クラスデリゲーション）により、自動的に **greeter** の実装が使用されます。必要な分だけオーバライドすれば済むので、定型コードを書く手間を省くことができます。また、委譲先オブジェクトがコンストラクタで渡ってくるので、自由に実装を選ぶこともできるようになりました。

```
>>> val japanese = JapaneseGreeter()
>>> val greeter = GreeterWithRecording(japanese)
>>> greeter.sayHello()
こんにちは、匿名さん！
>>> greeter.sayHello("委譲")
こんにちは、委譲さん！
>>> greeter.targets
[委譲]
```

以上です。

第10章

5 まとめ

　本章では、インタフェースにまつわる記法や機能について学びました。最後の節では、委譲というプログラミングテクニックと、そのためのKotlinの機能について学びました。

- インタフェースは、抽象メンバを提供します。
- インタフェースを実装する具象クラスは、インタフェースの提供する抽象メンバをオーバライドする義務を負います。
- インタフェースは具象メンバを持つことができますが、バッキングフィールドを伴うプロパティは持つことができません。
- 使用する実装が曖昧なときは、適切にオーバライドすることで、曖昧さを排除する必要があります。
- インタフェースは、別のインタフェースを継承することができます。
- クラスデリゲーションと呼ばれる、委譲のための仕組みがKotlinにはあります。

第11章 ジェネリクス

本章では、ジェネリクスについて学びます。型を仮決めすることで、柔軟かつ安全なコードを記述することができるようになります。前半は、ジェネリクスの基本的な使い方を解説します。後半は、変位という性質の一般的な説明と、それを指定するための文法を解説します。

第11章 1 ジェネリクスの導入

リストやセットのように、オブジェクトのコンテナとなるクラスを定義してみましょう。リスト11.1のような実装はどうでしょうか?

Anyオブジェクトのコンテナ リスト11.1
```
class Container(var value: Any)
```

クラス`Container`は、任意の型のオブジェクトを格納できるコンテナです。すべての型は、`Any`のサブタイプなのでした。

```
>>> val intContainer = Container(123)
>>> val i: Int = intContainer.value as Int
>>> i
123
>>> val strContainer = Container("Hello")
>>> val s = strContainer.value as String
>>> s.toUpperCase()
HELLO
```

REPLで確認すると、うまく機能していることがわかります。プロパティ **value** の型は **Any** なので、型 **Int** である 123 や、型 **String** である "Hello" も格納可能です。

コンテナから値を取り出す場合はどうでしょうか。実は、格納時の型を、プロパティ **value** から窺い知ることはできません。`Container(123).value` も `Container("Hello").value` も、返り値の見かけ上の型は **Any** です。

オブジェクトへの参照の型を、指定した型へ強制的に変換する処理を、**キャスト**（cast）と言います。特に、スーパタイプのものをサブタイプへキャストすることを、「ダウンキャスト」と言います（その逆は「アップキャスト」です）。`as Int` や `as String` がダウンキャストの操作です。オブジェクトへの参照の後に、キーワード `as` に続けて、変換したい型を指定することで、ダウンキャストを行うことができます。`Container(123).value as Int` は、**Any** を強制的に **Int** としています。これにより、格納した値を、格納時の型で取得することができます。

しかし、ダウンキャストは危険な操作です。必ずしも成功するとは限らないのです。例えば、`Container(123).value as String` を実行すると、**ClassCastException** という例外をスローします。オブジェクトの実体が型 **Int** であるにもかかわらず、型 **String** にキャストしようとしたからです。

そういうわけで、私たちのコンテナが格納するオブジェクトの型を、再検討しましょう。リスト11.2のように、特定の型に特化したコンテナはどうでしょうか。

特化したコンテナ　　　リスト11.2
```
class IntContainer(var value: Int)
class StringContainer(var value: String)
```

ダウンキャストが不要で安全に扱うことができますが、他の型に対応できません。`LongContainer`や`BooleanContainer`、`HogeContainer`などを作り始めたらキリがありません。

そこで登場するのが**ジェネリクス**（generics）という機構です。クラスは、**型パラメータ**（type parameter）を取ることができます。型パラメータを使用したコンテナを、リスト11.3に示します。

型パラメータを取るコンテナ　　　　　　　　　　　　　　　　　　　　　　　リスト11.3
```
class Container<T>(var value: T)
```

クラス名の直後に`<T>`と記述している`T`が、型パラメータです。ここでは`T`という名前にしていますが、他の名前でもかまいません。型パラメータを宣言することで、クラス内で`T`という「仮決めの型」を使用することができます。型パラメータを取るようなクラスのことを、「ジェネリッククラス」と呼ぶことがあります。

では、REPLで使い方を確認しましょう。

```
>>> val intContainer: Container<Int> = Container<Int>(123)
>>> val i: Int = intContainer.value
>>> i * 2
246
>>> val strContainer = Container("Hello")
>>> strContainer.value.toUpperCase()
HELLO
```

使用側では、`Container<Int>`のように、実際の型を**型引数**（type arguments）として与えます。型推論がはたらくため、`Container("Hello")`のように型引数を省略することも可能です。`Container<Int>`は、`Container<T>`の`T`を、`Int`に置き換えたように扱うことができます。つまり、`Container<Int>(123).value`の型は`Int`です。

第11章-2 ジェネリック関数

関数やメソッド、プロパティも型パラメータを取ることができます。

ジェネリック関数の定義例 — リスト11.4

```kotlin
fun <T> box(value: T): Container<T> =
  Container(value)

val <T> T.string: String
  get() = toString()
```

ジェネリック関数の使用例 — リスト11.5

```kotlin
val container: Container<Int> = box(5)
println(container.string)
```

3 ジェネリック制約

型パラメータに対しては、制約を設けることができます。型パラメータ名の後に「:」記号を続けて、上限境界として型を指定できます。指定可能な型引数の型は、上限境界の型のサブタイプでなければならないという制約です。リスト11.6に使用例を示します。

上限境界指定の例 リスト11.6

```
interface Hoge
interface Fuga
class Foo<T>
class Bar<T : Hoge>

fun main(args: Array<String>) {
  Foo<Hoge>() // OK
  Foo<Fuga>() // OK

  Bar<Hoge>() // OK
  Bar<Fuga>() // コンパイルエラー
}
```

複数の上限境界を設定することも可能です。その場合は、キーワード **where** を使用し、リスト11.7のように記述します。

複数の上限境界の例 リスト11.7

```
interface Hoge
interface Fuga
interface Piyo: Hoge, Fuga

class Baz<T> where T : Hoge, T : Fuga

fun main(args: Array<String>) {
  Baz<Piyo>() // OK
}
```

第 11 章 ─────── ④

変位指定

　ジェネリクス最後のトピックは、少し込み入った話になります。ひとまず読み飛ばして、ジェネリクスでつまずいたときにここへ戻ってくるというのもよいでしょう。

　ジェネリクスには、**変位** (variance) と呼ばれる性質があります。変位には、不変、共変、反変の3種類があります。Kotlinのジェネリクスは、デフォルトで不変です。

　不変 (invariant) とは、例えば、型 **Container\<String>** と型 **Container\<CharSequence>** の双方向に、サブタイプの関係が成り立たない性質のことです[1]（リスト11.8）。

不変 リスト11.8
```
val a: Container<String> = Container("Hello")
val b: Container<CharSequence> = a // コンパイルエラー
```

　常に不変であると、柔軟性に欠けてしまいます。例えば、リスト11.9の関数 **show** は、コンテナ情報を出力する関数ですが、**Container\<String>** や **Container\<Int>** のような型のオブジェクトは引数に渡すことができません。

不変だとあまり役に立たない関数 リスト11.9
```
fun show(container: Container<Any>) {
  println(container.toString())
  println(container.hashCode())
  println(container.value)
}
```

---

[1] CharSequenceは、Stringのスーパタイプ。逆を言うと、Stringは、CharSequenceのサブタイプです。

4.1 型投影

そこで登場する機能が**型投影**（type projection）です。型を投影することで（可能な操作を制限することで）、ジェネリック型の変位を指定することができます。

関数`show`を使用するには、引数`container`の型`Container<Any>`を、`Any`に対して共変にすればよいです。**共変**（covariant）とは、例えば、型`Container<String>`が型`Container<CharSequence>`のサブタイプとなる性質のことです。共変の指定には、修飾子`out`を使用します（リスト11.10）。

共変指定の型投影 — リスト11.10

```
fun show(container: Container<out Any>) {
  println(container.toString())
  println(container.hashCode())
  println(container.value)
}
```

型投影とは、つまり型に対する可能な操作を制限することなのですが、具体的にはどのようなことでしょうか。今、クラス`Container`のプロパティ`value`は、`var`により宣言され、変更可能です。しかし、型投影された関数`show`の中で、引数`container`を介して`value`の値を変更することはできません。これが、型投影による操作の制限です。

もし、変更が許可されていたら、何か問題があるのでしょうか。大いにあります！リスト11.11を見てください。

操作が無制限の場合、危険なことになる — リスト11.11

```
val a: Container<String> = Container("Hello")
val b: Container<out Any> = a // OK
b.value = 123 // 本来は禁止された操作
```

変数`b`に、変数`a`を代入できることは問題ありません。共変とは、そういうものです。問題は`b.value = 123`の箇所です。これは本来、型投影により禁止されている操作です（コンパイルに失敗します）。もし禁止されていなければ、`b.value`は`Any`なので、あらゆるオブジェクトが代入可能です。しかし、その実体は型`String`なので、`123`のような値を代入しようとしたら、何が起こってしまうでしょうか。Javaの配列は、これ

に近い操作を行うコードがコンパイル可能ですが、実行すると例外をスローします[*2]。型投影は、このような危険な操作を禁止してくれます。

反変（contravariant）を指定する型投影も可能です。反変とは、例えば、型`Container<String>`が、型`Container<CharSequence>`のスーパタイプとなる性質のことです。このとき、型投影により制限される操作は、指定した型パラメータに対応する値の読み取りです。反変の指定には、修飾子`in`を使用します。

クラス`Container`に、便利なメソッドを追加してみましょう。自分の持っている値を、他の`Container`オブジェクトにコピーするメソッド`copyTo`を定義しました。リスト11.12を見てください。

Tの反変の例 / リスト11.12
```
class Container<T>(var value: T) {
  fun copyTo(to: Container<in T>) {
    to.value = value
  }
}
```

メソッド`copyTo`の引数は、型`T`に対して、反変の型投影を指定しています。何の役に立つのでしょうか。例をリスト11.13に示しましょう。この場合、`Int`の`Container`オブジェクトの値を、`Number`の`Container`オブジェクトにコピーすることができます。

copyToの使用例 / リスト11.13
```
val a: Container<Int> = Container(15)
val b: Container<Number> = Container(0)
a.copyTo(b)
println(b.value) // 「15」を出力
```

`in`指定は、`out`指定と異なり、値の変更が可能です。`Container<Number>`の型`Number`のプロパティ`value`に、型`Int`の値が代入可能なのは自然です（`Int`は`Number`のサブタイプ）。また、`in`指定は、`out`指定と同じように、値の読み取りが可能ですが、`Any?`という型（すべてのスーパタイプ）になってしまうことに注意してください。`Any?`の「`?`」記号については、次章で詳しく解説します。

共変指定の`out`は、書き換え不可（値の出力専用）です。反変指定の`in`は、値の入

[*2] Javaのジェネリクスも、デフォルト不変で、型投影のように危険な操作を回避することができます。

力専用です。修飾子の **out**（出力）と **in**（入力）は、それぞれ許可されている操作を表しているようです。変位について、表11.1にまとめます。

表11.1 変位まとめ

変位	修飾子	AがBのサブタイプであるとき	許可された操作
不変	なし	X<A>とX<B>の間にサブタイプの関係が成り立たない	入出力
共変	out	X<A>はX<B>のサブタイプとなる	出力
反変	in	X<A>はX<B>のスーパタイプとなる	入力

4.2 宣言場所変位指定

クラス **Container** をイミュータブルにすべく、プロパティ **value** をキーワード **val** で宣言するように変更しましょう。それに伴い、メソッド **copyTo** を廃止します（リスト11.14）。

イミュータブルなContainer ─ リスト11.14
```
class Container<T>(val value: T)
```

新しい **Container** は、依然リスト11.10の関数 **show** に、引数として渡すことができます。しかし考えてみると、**out** 指定の型投影は冗長です。なぜなら、今、型パラメータ **T** の指定をされているプロパティ **value** は、変更ができない、すなわち書き換え不可（値の出力専用）だからです。わざわざ **out** の型投影の表明をするまでもない、ということです。

ここで登場するのが、**宣言場所変位指定**（declaration-site variance）です。型投影は、対象のクラス（やインタフェース）を実際に使う場面で変位を指定していましたが、これに対して宣言場所変位指定では、クラスの宣言場所（クラス定義コード上）で変位を指定することができます。

クラス **Container** について、宣言箇所変位指定により、共変を指定してみましょう（リスト11.15）。

Tに対して共変なContainer ─ リスト11.15
```
class Container<out T>(val value: T)
```

型パラメータに対して**out**や**in**を指定します。これにより、クラスの使用場所で型投影を行う必要がなくなります。関数 show は、リスト11.16のように書き直しても、今までどおり使用することができます。

型投影を行わないshow　　　　　　　　　　　　　　　　　　　　　　　　リスト11.16

```
fun show(container: Container<Any>) {
  println(container.toString())
  println(container.hashCode())
  println(container.value)
}
```

Listのような、Kotlinのイミュータブルなコレクションインタフェースは、宣言場所変位指定により、要素の型に対して共変指定がされており、使用者が型投影を逐一行う手間を省くことができます。ちなみに、宣言場所変位指定に対して、型投影を「使用場所変位指定（use-site variance）」と呼ぶこともあります。

5 スター投影

型パラメータについて無関心でいたい場合がときどきあります。そのようなときは、**スター投影**（star-projection）を使うと便利です。スター投影とは、型引数に*（スター）を置いて、型投影を行うことです（リスト11.17）。

```
スター投影                                              リスト11.17
val a: Container<*> = Container<Int>(5)
val b: Container<*> = Container<String>("ABC")
```

スター投影は、**in Nothing**や**out Any?**の単なる構文糖衣に過ぎません。型**Nothing**は、あらゆる型のサブタイプであり、その名のとおり、インスタンスを一切持ちません。そのため**in Nothing**は、型**Nothing**のサブタイプのオブジェクトをセット可能ですが、そのようなオブジェクトは存在し得ないので実質的にセット不可能です。つまり、スター投影を行うと、対象の型パラメータに対応するオブジェクトの変更が行えなくなり、取得時には型**Any?**となります。

第11章 具象型

　型引数は、Javaと同じように型消去により、ランタイムで保持しません。そのための、次のような関数`instanceOf`は、コンパイルに失敗します。

```
>>> fun <T> Any.instanceOf(): Boolean = this is T
error: cannot check for instance of erased type: T
fun <T> Any.instanceOf(): Boolean = this is T
                                            ^
```

　しかし、このような関数をコンパイルし、期待する動作を実現する方法があります。それが**具象型**（reified type）です。`T`の部分を具体的な型に置き換えてしまえば、消去を防げると考えたのでしょう。関数定義は一般的な姿であり続け、呼び出しの場所でのみ特殊な形になる……、そう言うと聞き覚えがあるのではないでしょうか？　そうです、インライン関数です！　インライン関数に加え、具象型とする型パラメータにキーワード`reified`を修飾します。

```
>>> inline fun <reified T> Any.instanceOf(): Boolean =
...     this is T
>>> "String".instanceOf<String>()
true
>>> (0.5).instanceOf<Int>()
false
>>> setOf('5').instanceOf<Set<Char>>()
true
>>>
```

第11章 7

まとめ

　本章では、ジェネリクスについて学びました。ジェネリクスをうまく利用して、柔軟で安全なコードを目指しましょう。

- クラスやインタフェースは、型パラメータを取り、仮決めの型として使用することができます。
- 関数やメソッド、プロパティも型パラメータを取ることが可能です。
- 型パラメータを持つようなジェネリッククラスの使用側では、型引数として実際に使用する型を指定します。
- 型パラメータには、上限境界を1つ、あるいは複数設定することができます。
- 型投影や宣言場所変位指定などにより、変位を指定することができます。
- 具象型により、型引数をランタイムで保持することができます。

第12章 Null安全

Kotlinのユニークな特徴のひとつがNull安全です。本章では、この仕組みについて解説します。最初は難しそうに感じるかもしれませんが、発想はごくシンプルです。構えずに、リラックスして始めましょう。

第12章-1 Javaにおけるnull

`NullPointerException`（以下、NPE）をご存知でしょうか？ ある参照（変数や関数の返り値など）をデリファレンス[*1]したときに、その参照が`null`だったためにデリファレンスに失敗してスローされる例外のことです。

null参照のデリファレンス リスト12.1

```java
// Javaコード
String s = null;
s.toUpperCase(); // NullPointerExceptionをスロー
```

[*1] デリファレンスとは、変数などが参照しているオブジェクトを取得することです。

「ぬるぽ」の愛称で親しまれている（?）この例外を出したことのないJavaプログラマはいないでしょう。そのくらいごくありふれた例外ですが、なかなか簡単には排除できないことも確かです。いくつか理由があると思いますが、特に言えることは次の2点であると考えます。

- nullとなり得る参照と、そうでない参照の区別がない（すべての参照がnullになり得る）。
- nullとなり得ることを、プログラマが知らない、確かめない。

Javaでは、すべての参照がnullになり得ます。ということは、プログラマは、どの参照を扱うときにも、それがnullであるか否かを事前にチェックする必要があるということです。しかし、仕様上はnullにならないような参照も数多くあります（Java言語のルール上はnullになり得るにもかかわらず）。そういうわけで、プログラマはすべての参照をチェックせず、また、どの参照をチェックすればよいかがわからなくなり、NPEを引き起こすのです。

nullか否か リスト12.2

```
// Javaコード

// 常にnullでない例
String upperCase = str.toUpperCase();
// upperCaseはnullでない

// 条件によってnullになり得る例
String parent1 = new File("/foo").getParent();
String parent2 = new File("/").getParent();
// parent1はnullでない
// parent2はnull
```

1.1 nullか否かを区別する工夫

ある参照がnullであるかどうかを区別するようにすれば、事態は改善しそうです。そこで、いくつかの方法が考えられました。アノテーションでnullか否かを表明する

方法や、そもそもnullを使用しないで、新しい型を導入して値の有無を表現する方法などです（リスト12.3）。

nullか否かを区別する工夫　　　　　　　　　　　　　　　　　　　　　　　リスト12.3

```
// Javaコード

// アノテーションでnullでないことを表明
@Nonnull
String reverse(String str) {...}

// アノテーションでnullの可能性を表明
@Nullable
User findUser(long id) {...}

// 型で値の有無を表現
<T> Optional<T> first(List<T> list) {...}
```

　例えば`@Nullable`指定されている参照を、nullでないことを確認しないでデリファレンスしようとすると、静的解析ツールなどがプログラマに注意を促してくれます。

　あるいは、`Optional`のように、nullを直接扱わないで値の有無を表す方法として、目的のオブジェクトを`Optional`でラップします。そうすれば、「値がないかもしれない」ということをプログラマに意識させることができます。

　どちらも素晴らしいアイデアですが、1つだけ、しかし大きな弱点があります。Java言語は、いつでもnullの使用を許可することです。極端な例ですが、リスト12.4はJavaの文法として有効であり、Javaコンパイラは実行可能なバイトコードを出力します。Javaは後方互換を大切にするプログラミング言語です。おそらく、この先何年何十年と経っても、nullは生き続けるでしょう。

nullは誰にも止められない！ 　　　　　　　　　　　　　　　　　　　　　　リスト12.4

```
// Javaコード
@Nonnull
Optional<Foo> 絶対にnullを返さないメソッド() {
  return null;
}
```

第12章

2 Null安全という答え

これに対するKotlinの答えが**Null安全**（null-safety）です。Null安全という仕組みにより、NPEと決別することができます。

Kotlinにも**null**は存在します。しかし、Javaとの決定的な違いは、**nullとなり得るか否かを明確に区別する**ことです。これにより、**null**の参照を**うっかり**デリファレンスすることを防げます。

ルールが厳しくなると、扱いにくさが心配になるかもしれません。安心してください！　扱いやすくするための工夫も用意されています。書きやすさも読みやすさも損なわずに、安全を手に入れることができます。

では、「nullとなり得るか否かを明確に区別する」ということを体験してみましょう。REPLで次のコードを評価してみます。

```
>>> val s: String = null
error: null can not be a value of a non-null type kotlin.String
val s: String = null
                ^
```

コンパイルに失敗しました。「nullは、非nullのStringの値になることができない」というメッセージが出力されています。そうなのです。型**String**のような、今まで扱ってきた型の変数に、**null**を代入することはできません。**null**を代入するには、通常の型の後に**?**記号を置く必要があります。

```
>>> val s: String? = null
>>> s
null
```

今回はコンパイルに成功しました。そして、変数sの文字列表現を得ると、nullと返ってきました。これが「nullとなり得るか否かを明確に区別する」ということです！

さて今、変数sにはnullがセットされているわけですが、この変数を介してStringのメソッドを呼び出すと、どうなるのでしょうか？

```
>>> s.toUpperCase()
error: only safe (?.) or non-null asserted (!!.) calls are allowed on a nullable receiver of type kotlin.String?
s.toUpperCase()
 ^
```

コンパイルに失敗しました。nullの可能性のある参照に対して、メソッドやプロパティのアクセスはできません。それが、たとえnullではなく、"hoge"のような文字列が代入されていようとも、です。なぜなら、NPEの危険性があるからです。Kotlinではこのようにして、nullとなり得るか否かを明確に区別し、nullの可能性がある場合は危険な操作を禁止することで、ごくありふれた実行時例外であるNPEを排除しようとしています。

第12章 3

スマートキャスト

ここで、便宜的に言葉を定義しておきます。nullとなり得る型を、Nullableと言います。逆に、nullにはなり得ない型をNotNullと言います。

前節で、「Nullableのメソッドやプロパティにアクセスすることはできない」と述べました。現実問題として、それでは不便です。Nullableのメソッドやプロパティにアクセスする方法はないのでしょうか。

そのひとつの方法が、**スマートキャスト**（smart cast）です。スマートキャストとは、対象の型へのキャストが安全であることを確認できるとき、自動的にキャストされるような機能のことを言います。ここでは、あるNullableな変数がNotNullであることが確かである文脈で、それをNotNullとして扱える、ということです。「NotNullであることが確かである文脈」とは、ずばり、条件分岐によるチェックのことです。

NotNullへのスマートキャスト　　　　　　　　　　　　　　　リスト12.5
```kotlin
val a: String? = null
val b: String? = "Hello"

if (a != null) {
  println(a.toUpperCase())
}
if (b != null) {
  println(b.toUpperCase())
}
```

リスト12.5を見てください。変数aとbは、実体はともかく、変数の型が**String?**となっています。条件分岐で、例えば`a != null`のように、NotNullであることを確認した後のブロックでは、変数aを**String**として扱えるようになり、**String**のメソッドを呼び出すことができます。

NullableとNotNullだけでなく、一般的な型に対してもスマートキャストははたらきます（リスト12.6）。

3 スマートキャスト

スマートキャストの例　　　　　　　　　　　　　　　　　　　　　　リスト12.6

```
val list: List<Any> = listOf(1, 'a', false)
  for (e in list) {
    val result: Any? = when (e) {
      is Int -> e + 5
      is Char -> e.toUpperCase()
      is Boolean -> e.not()
      else -> null
    }
  println(result)
}
```

キーワード`is`を使った`e is Int`という式は、`e`が型`Int`（またはそのサブタイプ）である場合に限り`true`を返し、それ以外の場合には`false`を返します。`when`による条件分岐の際は、リスト12.6のように、分岐条件部分に`is Int`と記述します。

第12章

4 安全呼び出し

あるNullable変数が**null**ではないときは指定のメソッドを呼び出し、その返り値を得て、**null**であるときは何もせずに**null**を返すだけ、というような処理をしたいことがしばしばあります。

例をリスト12.7に示します。変数**a**の型は**Int?**です。**a**が**null**でないことを確認して、スマートキャストによりNotNullになった**a**に対して、メソッド**inc**を呼び出し、変数**aInc**に結果を代入します。**a**が**null**だった場合は、**aInc**に**null**を代入します。

nullならnullを返すだけ　　　　　　　　　　　　　　　　　　　　　　リスト12.7
```
val a: Int? = 5
val aInc: Int? =
  if (a != null) a.inc()
  else null
```

このような頻出するパターンのために、**安全呼び出し**（safe call）と呼ばれる構文糖衣が用意されています。リスト12.7は、安全呼び出しを使用してリスト12.8のように書き直すことができます。

安全呼び出し　　　　　　　　　　　　　　　　　　　　　　　　　　　リスト12.8
```
val aInc: Int? = a?.inc()
```

通常のメンバアクセスの際の、「**.**」記号の直前に、「**?**」記号を置くと、安全呼び出しとなります。レシーバとなるオブジェクトへの参照が**null**でない場合はメンバアクセスに成功し、**null**である場合は何もせずに単に**null**を返すだけです。つまり、**safeCall**の例だと、メソッド**inc**の返り値の型は**Int**（すなわちNotNull）ですが、安全呼び出しを行っているため、**a?.inc()**の返り値の型は**Int?**（すなわちNullable）となります。

ところで、1つテクニックを紹介します。安全呼び出しは、オブジェクトのメンバ呼び出しの際にのみ有効です。NotNullな引数を取る関数に、Nullableを引数として渡すときには、依然一手間かかるということです。

リスト12.9 NotNullな引数を取る関数にNullableを渡す
```
fun square(i: Int): Int = i * i

val a: Int? = 5
val aSquare =
  if (a != null) square(a)
  else null
```

この問題は、標準ライブラリに含まれている関数`let`で解決することができます。`let`の定義はリスト12.10のとおりです。

リスト12.10 拡張関数letの定義
```
public inline fun <T, R> T.let(block: (T) -> R): R = block(this)
```

`let`は、任意の型`T`に対する拡張関数です。`(T)->R`という関数オブジェクトを引数`block`に取り、その`block`に対して、`let`のレシーバとなるオブジェクトを引数として与えて呼び出しています。

この`let`と、安全呼び出しを組み合わせると、リスト12.9のコードがスッキリします（リスト12.11）。

リスト12.11 let + 安全呼び出し
```
val aSquare = a?.let { square(it) }
```

もし、変数`a`が`null`であれば、安全呼び出しにより`let`は実行されず、`null`が返されるだけです。`a`が`null`でなければ、拡張関数`let`が呼び出されます。`let`は、レシーバ（安全呼び出しによりNotNullであることが保証されている）を、`let`の引数である関数オブジェクト（ここではラムダ式）の引数（`it`）として渡しているので、NotNullを取る関数`square`に、結果的に`a`を渡すことが実現できます。ちなみに、この例ではラムダ式を記述せず、`a?.let(::square)`のように、`square`の関数オブジェクトを直接渡すこともできます。

!!演算子

Nullableな参照を、NotNullに強制的に変換する操作が提供されています。!!記号を、参照の後に置くことで、NotNullに変換されます。

```
>>> val foo: String? = "Hello"
>>> val bar: String  = foo!!
>>> bar.toUpperCase()
HELLO
```

ただし、**null**に対して!!演算子を適用すると、例外をスローします。

```
>>> val hoge: String? = null
>>> val fuga: String  = hoge!!
kotlin.KotlinNullPointerException
```

このように!!演算子は危険な操作なので、原則として使用しないことをおすすめします。NullableからNotNullへの変換をどうしても行いたい場合は、標準ライブラリの提供する関数**requireNotNull**を使用しましょう。

```
>>> val foo: String? = "Hello"
>>> val bar: String  = requireNotNull(foo, {"nullなわけがない"})
>>> bar.toUpperCase()
HELLO
>>> val hoge: String? = null
>>> val fuga: String  = requireNotNull(hoge, {"hogeはnullであってはダメ"})
java.lang.IllegalArgumentException: hogeはnullであってはダメ
```

対象が**null**である場合に例外をスローすることは同じですが、関数と例外メッセージで意図を表現することができます。

第12章 — 6

エルビス演算子

ある変数に対して、**null**でなければそれを使用し、**null**である場合は指定のデフォルト値を代用するということは、よくあるパターンです。

```
>>> val foo: String? = "Hello"
>>> (if(foo != null) foo else "default").toUpperCase()
HELLO
>>> val hoge: String? = null
>>> (if(hoge != null) hoge else "default")
default
```

これを簡単に記述することができる「エルビス演算子」というNullableに対する操作が提供されています。**?:** 記号の前にNullableを取り、後にデフォルト値を取ります。上記のREPLでのやり取りは、次のように書き直すことができます。

```
>>> val foo: String? = "Hello"
>>> (foo ?: "default").toUpperCase()
HELLO
>>> val hoge: String? = null
>>> hoge ?: "default"
default
```

ところで、前節では、NullableからNotNullへの変換について述べました。そこで関数`requireNotNull`を使うことで、指定の参照が**null**だった場合、例外`IllegalArgumentException`がスローされることを見ました。エルビス演算子を使用すれば、NullableからNotNullへの変換を行い、変換できない場合に任意の例外をスローするというテクニックが使用可能です。次の例では、参照が**null**の場合、エラー`AssertionError`をスローします（例外のスローの方法については、次章で解説します）。

6 エルビス演算子

```
>>> val foo: String? = "Hello"
>>> foo ?: throw AssertionError()
Hello
>>> val hoge: String? = null
>>> hoge ?: throw AssertionError()
java.lang.AssertionError
```

安全キャスト

　Null安全に関連する機能として、**安全キャスト**（safe cast）というものがあります。キャストについては第11章で解説しました。ダウンキャストは失敗するおそれのある危険な操作です。それを安全に行うのが、安全キャストです。ダウンキャストではキーワード**as**を使用していましたが、安全キャストでは代わりに**as?**を使用します。安全キャストは、キャストに失敗した場合、**null**を返す点で、通常のダウンキャストと異なります。

```
>>> val str: Any = "本当は文字列"
>>> str as String
本当は文字列
>>> str as Int
java.lang.ClassCastException: java.lang.String cannot be cast to java.lang.Integer

>>> str as? Int
null
```

第 12 章 ─── 8

注 意

実はKotlinでも、**NullPointerException**を引き起こすことができます。NPEをスローするようなコードを含む**Java**コードの、Kotlinからの呼び出しや、直接（すなわち意図的に）NPEをスローするコードを記述した場合です。

また、Javaのコードでは、根本的にすべてがNullableのはずですが、Kotlinでは見え方が若干異なります。この妥協（是非は問いません）が、一部危険なコードをもたらす恐れがあります。このことについては最終章の「補促 Hint & Tips」の中で見ていきます。

第12章
9 まとめ

　本章では、Null安全という仕組みについて解説しました。Kotlinでは、**null**になり得る参照と、なり得ない参照を厳密に区別し、危険な操作を徹底的に排除しようとしています。

　本章で、Kotlinの文法についての個々の詳しい解説はおしまいです。次章は、これまでに紹介していない、細かなトピックを見ていきます。

- Javaの世界では常に、すべての参照が**null**となる可能性をもっています。
- Kotlinでは、**null**になり得る参照と、なり得ない参照を、型として明確に区別します。
- Nullableな参照は、デリファレンスすることができません。
- **if**のような条件分岐など、NotNullであることが保証される文脈で、NullableはNotNullとして扱うことができます（スマートキャスト）。
- 安全呼び出し、エルビス演算子のようなNullableのための特別な構文を学びました。
- **!!**演算子は、NullableからNotNullへの変換を行います。
- キャストに失敗すると**null**を返す、安全キャストを紹介しました。

第13章 その他の話題

本章で、Kotlinそのものの解説はおしまいです。ここまで紹介してこなかった文法や機能を、最後にまとめて解説します。

第13章 1 演算子オーバロード

　Kotlinでは、事前に定義された演算子を、任意のオブジェクトで使用することができます。例えば、`+`や`*`、`>`のような演算子が使用可能です。

　このような演算子は、オブジェクトの持つメソッドに対応します。例えば2項演算子の「`+`」は、1引数メソッド`plus`に対応します。`1 + 2`という式は、`1.plus(2)`と等価です。

　あるメソッドを、対応する演算子で呼び出すためには、そのメソッドに修飾子`operator`を付ける必要があります。独自クラス`MyInt`と、`operator`付きのメソッド`times`を定義して、`*`演算子が使えることを確認しましょう。

第 13 章

```
>>> class MyInt(val value: Int) {
...     operator fun times(that: MyInt): MyInt =
...         MyInt(value * that.value)
... }
>>> val product = MyInt(3) * MyInt(5)
>>> product.value
15
```

期待どおり、クラス**MyInt**のオブジェクトに対して、*演算子でメソッド**times**が呼び出されました。

timesなどは、拡張関数として定義してもうまく動きます。**MyInt**を剰余演算に対応させるため、拡張関数**mod**を追加してみましょう。

```
>>> operator fun MyInt.mod(that: MyInt): MyInt =
...     MyInt(value % that.value)
>>> (MyInt(20) % MyInt(3)).value
2
```

メソッド**invoke**は面白いです。このメソッドを持ったオブジェクトは、そのオブジェクト自体が関数のように呼び出せるようになります。

```
>>> class Service {
...     operator fun invoke(): Char = 'A'
...     operator fun invoke(c: Char) = c
... }
>>> val service = Service()
>>> service()
A
>>> service('B')
B
>>> service.invoke('C')
C
```

operator付き**invoke**の存在によって、**service()**のような呼び出しが可能になります。これは実際には、引数を取らないメソッド**invoke**の呼び出しとなります。

利用可能なメソッドは、このほかにも数多くあります。本書の付録として325ページからの一覧表にまとめておきますので、参照してください。

第13章 — 2

等価性

2.1 参照の等価性

2つの参照が等価であるかをテストするために、`===`演算子が用意されています。`===`の否定バージョンは`!==`です。

Javaでは、参照の等価性をテストするために`==`や`!=`を用いるので、違いに注意してください。

```
>>> val a = setOf(1)
>>> val b = a
>>> a === b
true
>>> a === setOf(1)
false
>>> b !== setOf(1)
true
>>> a === null
false
>>> null === null
true
```

`===`は、あくまで参照の等価性をテストします。少し奇妙かもしれませんが、次のような面白い結果が出ることもあります。

```
>>> val i: Int? = 127
>>> i === 127
true
>>> val j: Int? = 128
>>> j === 128
false
```

`Int?`が内部的に`java.lang.Integer`となることと、`Integer`はある範囲の整数オブジェクトをプールしていることに依存したトリックです。

2.2 構造上の等価性

2つのオブジェクトの構造上の等価性をテストするには、`==`演算子を使用します（逆は`!=`演算子）。演算子オーバロードにより、メソッド`equals`への呼び出しに対応します。というのは正確ではなくて、例えば`a == b`は、次のように変換されます。

```
a?.equals(b) ?: (b === null)
```

`a`が`null`でないとき、メソッド`equals`によって`b`と構造が等価であるかテストを行います。`a`が`null`であるとき、`b`の参照が`null`であるかをテストします。要するに`==`演算子は、`null`であった場合も考慮されているということです。

なお、`a == null`のように、明らかに`null`との構造上の等価性をテストしている式は、`a === null`に変換されます。

```
>>> class MyInt(val value: Int) {
...    override fun equals(other: Any?): Boolean =
...       if (other is MyInt) value == other.value
...       else false
... }
>>> MyInt(2) == MyInt(2)
true
>>> MyInt(1) == MyInt(3)
false
>>> MyInt(1) != MyInt(3)
true
```

メソッド`equals`はクラス`Any`で定義されており、それをオーバライドする形で実装しています。

中置呼び出し

　演算子オーバロードとは少し違いますが、メソッド呼び出しが、組み込みの命令のように見える記法があります。それが、**中置呼び出し**（infix call）です。例えば`a.step(b)`という呼び出しを、`a step b`のように記述することができる呼び出し記法です。

　中置呼び出しができるメソッド（あるいは拡張関数）には、2つルールがあります。1つは、修飾子`infix`が付いていること。もう1つは、引数を1つだけ持つことです。

```
>>> class MyInt(val value: Int) {
...     infix fun plus(that: MyInt): MyInt =
...         MyInt(value + that.value)
... }
>>> (MyInt(1) plus MyInt(2)).value
3
```

　Kotlinの標準ライブラリで`infix`指定されているメソッドは、例えば**Int**や**Long**のシフト演算、**Boolean**の論理演算に関するメソッドです。

```
>>> // 左シフト
>>> 5 shl 2
20
>>> // 符号なし右シフト
>>> 0b1010 ushr 1
5
>>> // and演算
>>> true and false
false
>>> // xor演算
>>> true xor false
true
```

第4章でレンジについて学んだのを覚えているでしょうか？ レンジのリテラルのように見えていたのは、「..」演算子と infix 指定されたメソッド step によるものです。

```
>>> (1..10 step 3).toList()
[1, 4, 7, 10]
>>> (100 downTo 0 step 20).toList()
[100, 80, 60, 40, 20, 0]
```

第 13 章 ― 4

分解宣言

標準ライブラリに含まれている単純なクラス **Pair** は、任意の値のペアを表現します。ペアの最初の値は、プロパティ **first** で取得することができます。2番目の値は、プロパティ **second** で取得することができます。

```
>>> val pair = Pair("Taro", 27)
>>> pair.first
Taro
>>> pair.second
27
```

ところで、**Pair** オブジェクトを分解して、2つのプロパティ（**first** と **second**）を取り出し、新たに用意した変数にマッピングできると便利そうです。実は、これが実現できるのです。リスト13.1のような記法で、新しい変数のリストに、オブジェクトを分解して得られた結果を代入することができます[1]。

分解宣言　　　　　　　　　　　　　　　　　　　　　　　　　リスト13.1
```
val (name, age) = Pair("Taro", 27)
println(name) // 「Taro」を出力
println(age)  // 「27」を出力
```

このように、オブジェクトを分解して、複数の変数に、そのオブジェクトのデータを代入する機能を、**分解宣言**（destructuring declaration）と呼びます。

---

[1] REPLで動作させることができませんでした。通常のコンパイル方法や「Try Kotlin」でお試しください。

4 分解宣言

分解宣言で取り出せるデータには、ルールがあります。それは、**operator**付きメソッド**componentN**の存在です。「N」は整数に置き換わります。例えばクラス**Pair**の場合、メソッド**component1**がプロパティ**first**を返し、メソッド**component2**がプロパティ**second**を返すという具合です。あなたのクラスやオブジェクトに**componentN**を実装することも可能です。リスト13.2を見てください。

componentNの実装例 リスト13.2

```
val (a, b, c) = object {
  operator fun component1(): String = "Hello"
  operator fun component2(): Int = 123
  operator fun component3(): List<Char> = listOf('A', 'B')
}
println(a) // 「Hello」を出力
println(b) // 「123」を出力
println(c) // 「[A, B]」を出力
```

この分解宣言は、次節のデータクラスで、より簡単に使えるようになります。

第13章 5

データクラス

データを持つために存在するようなクラスを作ることが、よくあります。例えばリスト13.3のクラス**User**です。

```
データ（プロパティ）だけを持つクラス                                リスト13.3
class User(val id: Long, val name: String)
```

プライマリコンストラクタとプロパティによって、とてもシンプルな記述になっています。しかし、足りないものがあります。それはクラス**Any**で定義されているメソッド**equals**、**hashCode**、**toString**の、このクラスのための実装です。これらのメソッドを適切にオーバライドしないと不便です。

```
>>> User(1, "Taro") == User(1, "Taro")
false
>>> User(2, "Hanako")
Line1$User@20e2cbe0
>>>
```

REPLの結果を見ると、同じデータを持った**User**オブジェクト同士の**==**演算子による比較では、**true**が返ってきてほしいところです。また、**User**オブジェクトの文字列表現を見ても、デバッグに役立つ情報がほとんどないのも困ります。

メソッド**equals**、**hashCode**、**toString**は、クラス**User**のように、データを持つために存在するようなクラスでは、たいてい同じような実装になるでしょう。そこで便利なのが、修飾子**data**による**データクラス**（data class）です。クラスに修飾子**data**を付けるだけで、適切な**equals**、**hashCode**、**toString**の実装が手に入ります。試してみましょう。

```
>>> data class User(val id: Long, val name: String)
>>> User(1, "Taro") == User(1, "Taro")
true
>>> User(2, "Hanako")
User(id=2, name=Hanako)
```

　Userオブジェクト同士の==演算子による比較で、期待どおり**true**が返りました。**User**オブジェクトの文字列表現も、各プロパティの値が読めて、デバッグが捗りそうです。

　さらにデータクラスは、ほかにも便利なメソッドが自動生成されます。メソッド**copy**は、レシーバとなるオブジェクトのコピーを生成します。引数には、各プロパティの新しい値を指定することができます。これにより、イミュータブルスタイルの値の変更が実現できます。

```
>>> val taro = User(1, "Taro")
>>> taro
User(id=1, name=Taro)
>>> val newTaro = taro.copy(id=112233)
>>> newTaro
User(id=112233, name=Taro)
>>> taro
User(id=1, name=Taro)
```

　変数**newTaro**の参照する**User**オブジェクトは、変数**taro**のもののコピーであり、プロパティ**id**には新しい値がセットされています。コピー元の**taro**には、何も変化はありません。

　データクラスは、各プロパティに対応するメソッド**componentN**も自動生成してくれます。これは分解宣言に役立ちます（リスト13.4）。

自動生成されたcomponentNで分解宣言　リスト13.4
```
val (id, name) = User(1, "Taro")
println(id)   // 「1」を出力
println(name) // 「Taro」を出力
```

データクラスが自動生成する**equals**や**componentN**などのメソッドが対象とするプロパティは、プライマリコンストラクタで定義されたプロパティであることに注意してください。

第13章 — 6

ネストした クラス

クラスの内部に、（ネストした）クラスを定義することができます。外側のクラスも内側のクラスも、扱う上では独立しています。内側のクラスへは「外側のクラス名 + . + 内側のクラス名」でアクセスします。つまり、内側にクラスを定義する主な意義は、名前空間を分けたり、コードの見通しをよくすることにあります。

```
>>> data class User(val id: Id, val name: String) {
...     data class Id(val value: Long)
... }
>>> val id: User.Id = User.Id(123)
>>> User(id, "Taro")
User(id=Id(value=123), name=Taro)
>>>
```

外側のクラスの「オブジェクト」の参照を掴むような、内側のクラスも定義可能です。このようなクラスを特に**内部クラス**（inner class）と言います。内部クラスには修飾子 **inner** を付けて、単なる内側のクラスと区別する必要があります。

```
>>> data class User(val id: Long, val name: String) {
...     inner class Action {
...         fun show(): String = "$name($id)"
...     }
... }
>>> val user = User(123, "Taro")
>>> val action: User.Action = user.Action()
>>> action.show()
Taro(123)
```

クラス **Action** はクラス **User** の内部クラスなので、そのオブジェクトのメンバにアクセスできます。**Action** のコンストラクタを呼び出すには、**User** のオブジェクトを経由する必要があります。

第 13 章

オブジェクト式

オブジェクト式 (object expression) は、いわばオブジェクトリテラルです。キーワード **object** の後に波括弧を展開し、オブジェクトを定義し、生成して返します。別の場所で利用可能な型は定義されないことに注意してください。

```
>>> val myObject = object {}
>>> myObject
Line68$myObject$1@36060e
```

波括弧の中には、そのオブジェクトに持たせたいメンバを定義することができます（リスト13.5）。

メンバを持ったオブジェクト　　　　　　　　　　　　　　　　　　リスト13.5
```
val greeter = object {
  fun greet() {
    println("Hello")
  }
}
greeter.greet() // 「Hello」を出力
```

継承するクラスや、実装するインタフェースを指定することができます。クラスでそれらを行うように、「:」記号を挟みます。

7 オブジェクト式

```
>>> interface Greeter {
...   fun greet()
... }
>>> val greeter = object: Greeter {
...   override fun greet() {
...     println("Hello")
...   }
... }
>>> greeter.greet()
Hello
```

第13章 ⑧ オブジェクト宣言

シングルトン、すなわち、あるクラスに対して唯一のインスタンスが存在するようなパターンは便利です。シングルトンなクラスを定義したいときには**オブジェクト宣言**（object declaration）を使いましょう。使い方は簡単です。キーワード**class**の代わりに、キーワード**object**を使用するだけです。これによって、このクラスは、クラス名で唯一のオブジェクトを参照することができるようになります。通常のクラスと異なり、コンストラクタを記述することはできず、また呼び出すこともできません。型が誕生する点では、通常のクラスと共通です。

```
>>> interface Greeter {
...     fun greet(name: String)
... }
>>> object JapaneseGreeter: Greeter {
...     override fun greet(name: String) {
...         println("こんにちは、${name}さん！")
...     }
... }
>>> JapaneseGreeter.greet("たろう")
こんにちは、たろうさん！
>>> val greeter: JapaneseGreeter = JapaneseGreeter
>>> greeter.greet("じろう")
こんにちは、じろうさん！
```

9 コンパニオンオブジェクト

オブジェクト宣言で見たようなシングルトンオブジェクトをクラス内に定義するには、キーワード**companion**を修飾します。

```
>>> class User(val id: Long, val name: String) {
...     companion object Pool {
...         val DUMMY = User(0, "dummy")
...     }
... }
>>> val dummy = User.Pool.DUMMY
>>> "${dummy.id}, ${dummy.name}"
0, dummy
>>> User.DUMMY.name
dummy
```

companion付きの**object**のことを、**コンパニオンオブジェクト**(companion object) と呼びます。上記の例では、コンパニオンオブジェクト**Pool**を、クラス**User**に定義しています。**Pool**にアクセスするには、**User.Pool**のように記述します。コンパニオンオブジェクトのメンバに直接アクセスする際には、コンパニオンオブジェクト名を省略して、より簡潔に記述することができます（例えば**User.DUMMY**のように）。

コンパニオンオブジェクトは、1つのクラスにつき1つまでしか存在できないことに注意してください。また、コンパニオンオブジェクトは名前を省略することが可能です。名前を省略した場合は、**Companion**という名前が付きます。

```
>>> class User(val id: Long, val name: String) {
...     companion object {
...         val DUMMY = User(0, "dummy")
...     }
... }
>>> User.DUMMY.name
dummy
>>> User.Companion.DUMMY === User.DUMMY
true
```

第13章

10 代数的データ型

10.1 直和型

突然ですが、リストを実装してみましょう。リスト13.6がそのコードです。

```
独自のリスト実装                                    リスト13.6
interface MyList<out T>

object Nil: MyList<Nothing> {
  override fun toString() = "Nil"
}

class Cons<T>(val head: T, val tail: MyList<T>): MyList<T> {
  override fun toString() = "$head:$tail"
}
```

`MyList`がリストのインタフェースです。`MyList<out T>`とすることで、型パラメータ`T`に対して共変であることを、宣言場所変位指定によって表現しています。`Nil`は、要素が空のリストを表現するシングルトンオブジェクトです。実装する`MyList`の型引数として`Nothing`を指定しているので、`MyList<T>`（`T`は任意の型）のサブタイプとなれます。そして、クラス`Cons`は、1つの要素と、1つのリストにより構成される`MyList`の実装クラスです。

```
>>> Cons("foo", Cons("bar", Cons("baz", Nil)))
foo:bar:baz:Nil
```

いい感じに動いています。

`MyList`の先頭要素の文字列表現を返すコードを考えてみましょう。もし、要素がない（`Nil`）場合は「要素なし」という文字列を返すことにしましょう。

第 13 章

```
>>> fun headString(list: MyList<*>): String =
...     when (list) {
...         is Cons<*> -> list.head.toString()
...         else -> "要素なし"
...     }
>>> headString(Cons("foo", Nil))
foo
>>> headString(Nil)
要素なし
```

おー！ 期待どおりですね！ `list`が`Nil`である場合を、`else`を使って判定していることに注目してください。値を返す`when`式では、すべての条件を網羅する必要があるためです。現時点で、`MyList`のサブタイプは`Cons`と`Nil`以外はあり得ないのですが、`MyList`のサブタイプはいつでもどこでも作ることができてしまいます。

ここで役立つのが**シールドクラス**（sealed class）です。シールドクラスとは、そのクラスの継承可能な範囲を制限するようなクラスのことです。修飾子`sealed`を伴い、そのクラスを継承可能なのは、ネストされたクラスに限定されます[*2]。`MyList`をシールドクラスとして、改めてリストを実装します（リスト13.7）。

シールドクラス リスト13.7
```
sealed class MyList<out T> {
    object Nil: MyList<Nothing>() {
        override fun toString() = "Nil"
    }
    class Cons<T>(val head: T, val tail: MyList<T>): MyList<T>() {
        override fun toString() = "$head:$tail"
    }
}
```

このバージョンでは、`MyList`はシールドクラスになり、そのサブクラスになれるのは、ネストされた`Nil`と`Cons`だけです。試しに、クラス`MyList`の外側で、これを継承したクラスを定義してみましょう。

[*2] Kotlinのバージョン1.1以降では、この制限は緩和されています。ネストされておらずとも、同一ファイル内に定義されたクラスであればシールドクラスを継承することができます。

```
>>> class Hoge: MyList<Any>()
error: cannot access '<init>': it is 'private' in 'MyList'
class Hoge: MyList<Any>()
            ^
error: this type is sealed, so it can be inherited by only its own nested classes
or objects
class Hoge: MyList<Any>()
            ^
```

期待どおり、コンパイルに失敗しました。2番目のエラーに、「シールドクラスだから継承できない」旨が表示されています。

シールドクラスにより、継承可能な範囲をコントロールすることができるようになりました。今、**MyList**のサブタイプは**Nil**と**Cons**のみなので、先ほどの関数**headString**を次のように定義することができます（**Nothing**も**MyList**のサブタイプですが、オブジェクトが1つも存在しないので、ここでは無視することができます）。

```
>>> fun headString(list: MyList<*>): String =
...    when (list) {
...       is MyList.Cons<*> -> list.head.toString()
...       is MyList.Nil -> "要素なし"
...    }
>>> headString(Cons("foo", Nil))
foo
>>> headString(Nil)
要素なし
```

10.2 列挙型

リストの例で見た以外にも、継承範囲を制御したい場合があります。例えばファストフード店のシステムで、ドリンクのサイズの種類が固定である場合、シールドクラスとシングルトンオブジェクトで表すことができます。

第13章

シールドクラスとシングルトンオブジェクトで種類を表現　　リスト13.8
```
sealed class DrinkSizeType {
  object Small: DrinkSizeType()
  object Medium: DrinkSizeType()
  object Large: DrinkSizeType()
}
```

ちゃんと機能します。

```
>>> sealed class DrinkSizeType {
...     object Small: DrinkSizeType()
...     object Medium: DrinkSizeType()
...     object Large: DrinkSizeType()
... }
>>> val myFavoriteSize: DrinkSizeType = DrinkSizeType.Large
>>> myFavoriteSize
Line201$DrinkSizeType$Large@22175d4f
```

このように、シールドクラスを継承するクラスが、すべてシングルトンオブジェクトであるような場合には、**列挙型クラス**（enum class）を使う方が便利です。列挙型クラスはキーワード**enum**で修飾されたクラスで、そのオブジェクトを持つことができます。列挙型クラスのバージョンのDrinkSizeTypeをenumDrinkSizeTypeに示します。

列挙型クラス　　リスト13.9
```
enum class DrinkSizeType {
  SMALL,
  MEDIUM,
  LARGE
}
```

各オブジェクトはカンマで区切ります。先ほどと同じように扱うことができます。

```
>>> val myFavoriteSize: DrinkSizeType = DrinkSizeType.LARGE
>>> myFavoriteSize
LARGE
```

メソッド`toString`に、わかりやすい実装が付いてくるのが嬉しいですね。

列挙型クラスにコンストラクタを持たせて、各オブジェクトの生成に使用するコンストラクタの引数を指定することもできます。

```
>>> enum class DrinkSizeType(val milliliter: Int) {
...     SMALL(300),
...     MEDIUM(350),
...     LARGE(500)
... }
>>> DrinkSizeType.SMALL.milliliter
300
```

各オブジェクトの実装を記述することもできます。

```
>>> enum class DrinkSizeType(val milliliter: Int) {
...     SMALL(300) {
...        override fun message(): String = "少ないよ！"
...     },
...     MEDIUM(350) {
...        override fun message(): String = "無難な選択だ"
...     },
...     LARGE(500) {
...        override fun message(): String = "さすがに飲み過ぎだ"
...     };
...     abstract fun message(): String
... }
>>> DrinkSizeType.MEDIUM.message()
無難な選択だ
```

各オブジェクトと、列挙型クラスのメソッドやプロパティとの間は「;」記号で区切る必要があります。

列挙型クラスには、（コンパニオンオブジェクトのメソッドのように使える）便利なメソッドが自動で追加されます。`values`は、列挙型クラスの全オブジェクトを配列として取得することができるメソッドです。メソッド`valueOf`は、引数に指定された名前のオブジェクトを返します。該当する名前のオブジェクトが存在しない場合は、例外`IllegalArgumentException`をスローします。

第13章 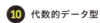 代数的データ型

```
>>> val types: Array<DrinkSizeType> = DrinkSizeType.values()
>>> types.toList()
[SMALL, MEDIUM, LARGE]
>>> DrinkSizeType.valueOf("LARGE")
LARGE
>>> DrinkSizeType.valueOf("EXTRA_LARGE")
  java.lang.IllegalArgumentException: No enum constant Line257.DrinkSizeType.EXTRA_LARGE
          at java.lang.Enum.valueOf(Enum.java:238)
          at Line257$DrinkSizeType.valueOf(line257.kts)

>>> DrinkSizeType.Companion.valueOf("EXTRA_LARGE")
error: unresolved reference: Companion
DrinkSizeType.Companion.valueOf("EXTRA_LARGE")
              ^
```

　列挙型クラスの各オブジェクトでも、便利なプロパティが使用可能になります。プロパティ **name** は、オブジェクトの名前を返します。メソッド **toString** もオブジェクトの名前を返しますが、こちらはオーバライド可能であることに対して、プロパティ **name** はオーバライドすることができません。オブジェクト名に依存するコードを記述する際には **name** を使った方がよいでしょう。

　プロパティ **ordinal** は、そのオブジェクトの定義された順序を、ゼロベースで返します。

```
>>> DrinkSizeType.SMALL.name
SMALL
>>> DrinkSizeType.values().map { type -> type.ordinal }
[0, 1, 2]
```

第13章 11

例 外

　例外（exception）は、Javaのそれと同じです。異なる点は、Kotlinでは、Javaで言うところの「チェック例外」をチェックする必要がありません。すなわち、try-catchによる例外の捕捉は義務づけられていません。
　文法を見てみましょう。例外のスローには、キーワード**throw**を使用します。独自の例外を定義して、スローしてみます。

```
>>> class MyException(message: String): Exception(message)
>>> throw MyException("例外だよ")
Line8$MyException: 例外だよ
```

　Javaと同じようにtry-catch-finallyが使用できます。**try**ブロックで例外がスローされると、指定された型の例外である場合、**catch**ブロックにジャンプします。例外のスローの有無にかかわらず、**finally**ブロックは実行されます。

```
>>> try { println(1) } catch(e: Exception) { println(2) } finally { println(3) }
1
3
>>> try { println(1/0) } catch(e: Exception) { println(2) } finally { println(3) }
2
3
```

　2番目の式では、**try**ブロックの中で、0による除算をしているため、例外**ArithmeticException**がスローされます。この例外は**Exception**のサブタイプなので、**catch**ブロックにジャンプし、最後に**finally**が実行されるというわけです。
　Kotlinでは、try-catchは式です。つまり、値を返すということです。**finally**ブロックは、返される値には関係ありません。

```
>>> (try { "123".toInt() } catch(e: Exception) { null })
123
>>> (try { "ONE".toInt() }
... catch(e: Exception) { null }
... finally { println("finally") })
finally
null
```

　本節の冒頭で述べたとおり、Kotlinではチェック例外の伝搬の明示や捕捉の義務はありません。そのため、リスト13.10のような関数を定義しても、コンパイラは文句を言いません。

チェック例外をチェックせずに済む　　　　　　　　　　　　　　　　リスト13.10
```
fun throwException() {
  throw Exception("これはチェック例外です")
}
```

12 メソッドの関数オブジェクト

第6章で関数オブジェクトについて解説しましたが、通常の関数と同じようにメソッド（あるいは拡張関数）の関数オブジェクトを取得することも可能です。例えば、クラス`Int`の拡張関数`inc`の関数オブジェクトを得るには、`Int::inc`と記述します。

```
>>> 5.inc() // incは1つ増やす拡張関数
6
>>> val method = Int::inc
>>> method
function inc (Kotlin reflection is not available)
```

`Int::inc`により、関数オブジェクトが変数`method`に代入されたことを確認できました。

このようなメソッド（拡張関数）の関数オブジェクトの型は、通常の関数オブジェクトの型とは若干異なります。`Int::inc`の型は`Int.()->Int`となり、引数を1つ取りAND演算を行う`Int::and`の型は`Int.(Int)->Int`です。一般的な書式は次のとおりです。

レシーバの型.(引数の型リスト)->返り値の型

このような型の関数オブジェクトは、呼び出しの際に、引数だけではなく、レシーバとなるオブジェクトが必要になります。つまり、メソッド（拡張関数）の関数オブジェクトは、メソッドのように呼び出すということです。

```
>>> val method: Int.()->Int = Int::inc
>>> 123.method()
124
>>> val andObject: Int.(Int)->Int = Int::and
>>> 0b1010.andObject(0b0011)
2
```

実は、`A.(B)->C`のような型は、型`(A, B)->C`のサブタイプです。これは、メソッド（拡張関数）の関数オブジェクトを、通常の関数オブジェクトのように扱えることを意味します。

```
>>> val a: Int.(Int)->Int = Int::and
>>> val b: (Int, Int) -> Int = a
>>> (Int::and)(0b1100, 0b1000)
8
```

この利点は、通常の関数を受け取る高階関数に、メソッドの関数オブジェクトを渡すことができ、ラムダ式を使わずシンプルなコードを記述可能なことです。

```
>>> // ラムダ式バージョン
>>> listOf(1, 2, 3).map { it.inc() }
[2, 3, 4]
>>> // メソッドの関数オブジェクトバージョン
>>> listOf(1, 2, 3).map(Int::inc)
[2, 3, 4]
```

そして、メソッドと同様にプロパティも関数オブジェクトになることができます。

```
>>> val length: String.()->Int = String::length
>>> listOf("Java", "Kotlin").map(length)
[4, 6]
```

第13章
委譲プロパティ

　プロパティにアクセス（ゲットやセット）があった際に、決まった仕事をさせたいことがあります。例えば初期化やロギング、事前条件の検証、その他値の変更を監視して面白いことをするなどです。プロパティに対して、カスタムゲッターやカスタムセッターを適切に定義することになりますが、もっと簡単な方法があります。それが**委譲プロパティ**（delegated property）と呼ばれる機能です。

　委譲プロパティは、プロパティのアクセスがあった際に、その後の処理を別のオブジェクトに委譲します。その「別のオブジェクト」は、委譲プロパティとして使える形になっている必要があります。

　リスト13.11を見てください。クラス**MyClass**のプロパティ**str**は、委譲プロパティとしてキーワード**by**の後に続くオブジェクトにアクセスを委譲します。

委譲プロパティ　　　　　　　　　　　　　　　　　　　　　リスト13.11
```
import kotlin.reflect.KProperty

class MyClass {
  var _str: String? = null
  var str: String? by object {
    operator fun getValue(thisRef: MyClass,
                         property: KProperty<*>): String? {
      println("${property.name}がgetされました")
      return _str
    }

    operator fun setValue(thisRef: MyClass,
                         property: KProperty<*>, value: String?) {
      println("${property.name}に${value}がsetされました")
      _str = value
    }
  }
}
```

```
fun main(args: Array<String>) {
  val myClass = MyClass()
  println(myClass.str)
  myClass.str = "ラーメン"
  println(myClass.str)
}
```

ここではオブジェクト式により、オブジェクトを生成しています。そして委譲プロパティの委譲先となるため、2つの決まった形式のメソッドを定義しています。**getValue**と**setValue**です。このようなシグネチャのメソッドを持ったオブジェクトが、委譲プロパティの委譲先となることができます。

リスト13.11をコンパイルして実行すると、次のような出力結果を得ます。

```
strがgetされました
null
strにラーメンがsetされました
strがgetされました
ラーメン
```

クラス**KProperty**はプロパティのメタデータを表現しており、例えばプロパティ**name**で、対応するプロパティの名前を取得することができます。メソッド**setValue**の3つめの引数**value**は、プロパティにセットされようとしている値です。

ロギングなどの共通機能をまとめたクラスを定義して、使用することも可能です。例えば、委譲先となるためのメソッドを持ったクラス**PropertyLogger**があるとすれば、`var user: User by PropertyLogger()`のようにして、委譲プロパティを利用できます。

第13章 アノテーション

Javaにもあるように、Kotlinにも**アノテーション**（annotation）があります。Kotlinコードで定義されたアノテーションだけでなく、Javaコードで定義されたそれも、同じように使うことができます。アノテーションはクラスやメソッドなどに付けることができ、その記法は「@ + アノテーション名」です。プロパティにアノテーションを付ける例をリスト13.12に示します。

アノテーションの使用例　　　　　　　　　　　　　　　　　　　　　リスト13.12

```
class UserService {

  @Inject
  lateinit var userRepository: UserRepository
}
```

本書では、Kotlinでのアノテーションの定義方法を割愛します。また、アノテーションの使用法について網羅しませんが、第III部のAndroidアプリを開発する過程で都度紹介していきます。完全なドキュメントは、公式サイト（https://kotlinlang.org）を参照してください。

まとめ

第13章

本章では、いくつかの細かい、しかし重要なトピックについて解説しました。すべてを暗記する必要はありませんが、頭の片隅に置いておき、都度参照するようにして活用してください。

本章で第II部は終了です。第III部では、Kotlinを使用したAndroidプログラミングについて解説していきます。

- Kotlinには演算子オーバロードという仕組みがあり、演算子は対応するメソッドの呼び出しになります。
- 参照の等価性のテストには===演算子を使い、構造上の等価性のテストには==演算子を使います。
- `infix`付き1引数メソッドは、中置呼び出しすることができます。
- メソッド`componentN`により、分解宣言を利用することができます。
- データクラスは、データを表現するクラスに便利なメソッドが自動生成されます。
- ネストしたクラスや、内部クラスについて学びました。
- シングルトンクラスを定義するには、オブジェクト宣言が便利です。
- コンパニオンオブジェクトにより、クラスの中にシングルトンなオブジェクトを定義することができます。
- シールドクラスにより継承範囲を制御することができます。
- オブジェクトを列挙するだけなら列挙型クラスを使うと便利です。
- 例外は、チェック例外をチェックする義務がない点でJavaと異なります。
- メソッドの関数オブジェクトと関数型について学びました。
- Javaと同様に、Kotlinでもアノテーションを使用することが可能です。

第 III 部

サンプルプログラミング

第 III 部 サンプルプログラミング

第 14 章

Androidアプリを Kotlinで作る

第 15 章

UIを作成する

第 16 章

Web APIを 利用する

第 17 章

テストを 実施する

第 18 章

別のアプローチ

第 14 章 Androidアプリを Kotlinで作る

第Ⅲ部では、Kotlinを使ったAndroidアプリの開発を体験します。本章はその第一歩として、開発環境の構築、プロジェクト作成、設定を行います。

第 14 章 - 1

はじめに

　本書の第Ⅰ部と第Ⅱ部でも小さなサンプルコードを扱いましたが、その目的はKotlinの文法にフォーカスすることでした。第Ⅲ部では実際に使えるAndroidアプリをKotlinで開発し、その完全なソースコードを示します。

　これまで見てきたように、Kotlinには基本的な制御構文があり、クラスやインタフェースがあります。つまりJavaのように使用することも可能なわけですが、それではKotlinを使う旨味が半減してしまいます。第Ⅲ部では、Kotlinの特徴を活かすKotlinらしいコードの書き方を紹介しますので、ぜひ注目してください。

　また、Javaコード（Android SDK API）との連携部分にも関心をお持ちのことと思います。Javaを完全に忘れることは難しいですが、KotlinからJava、あるいはその逆を呼び出すためのコードは、素直に記述することができます。

第 14 章

なお、本書はAndroidアプリの開発経験者を対象としていますので、Android固有の話題については割愛します。

1.1 作成するアプリの説明

技術情報共有サービスであるQiita[*1]が提供するAPIの、クライアントアプリを開発します。

仕様はごくシンプルです。2つの画面からなります。1番目の画面が図14.1です。この画面では、Qiitaに投稿されている記事をクエリ文字列で検索し、結果を一覧表示することができます。記事の一覧の中から1つを選んでタップすると、2番目の画面に記事の詳細内容が表示されます（図14.2）。このようなアプリを、Kotlin 100%のコードで実現します。

図14.1
記事一覧画

---

*1 https://qiita.com/

図14.2
記事詳細画面

完全なサンプルコードは、本書巻頭（P.ii）記載のWebサイト上に公開しています。

第 14 章

2 開発環境の構築

アプリの開発にあたって、開発環境の構築が必要です。既にJDKのインストールは済んでいるものとして話を進めます。インストールの手順や画面は、OS Xの場合に基づいています。

2.1 Android Studio

Android Studioを使用します。Android Studioは、Google公式のAndroid開発用IDEです。IntelliJ IDEAがベースになっており、Android開発に特化しています。

Android Studioをダウンロードするには、まず下記URLをWebブラウザで開いてください。

`https://developer.android.com/sdk/index.html`

図14.3
Android Studio ダウンロードページ

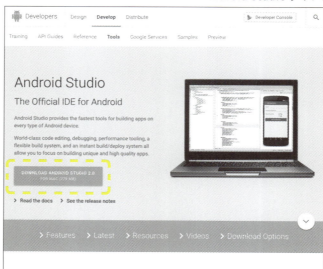

図14.3の画面が開いたら、「DOWNLOAD ANDROID STUDIO 2.0」（本書執筆時点）のボタンをクリックします。すると、図14.4のように諸条件が表示されるので一読し、同意する場合に限り、同意を表すチェックボックスにチェックを入れ、ダウンロードボタンをクリックします。

図14.4
条件ダイアログ

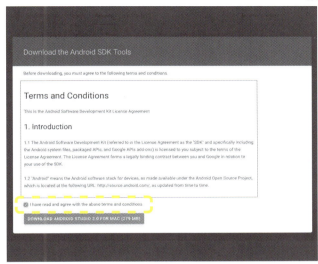

ダウンロードが始まるので、完了するまで待ちます。ダウンロードが完了したら、入手したdmgファイルを開き、Applicationsディレクトリにコピーするなりしてインストールをします（図14.5）。

図14.5
Android Studioのインストール

第14章

インストールを終えたら、Android Studioを起動します。初回起動時には、図14.6のようなウィザードが開きます。

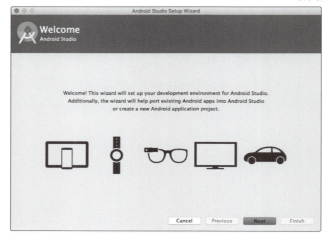

図14.6
初回起動時の画面

「Next」ボタンをクリックして、進みます。インストールタイプを質問してくる画面（図14.7）では、「Standard」が選択されていることを確認して「Next」をクリックします。

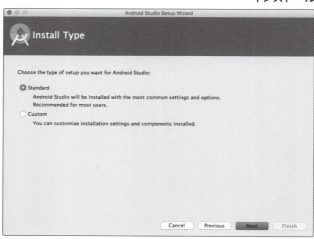

図14.7
インストールタイプの選択

設定の確認画面（図14.8）が表示されたら、「Finish」ボタンをクリックします。すると、各コンポーネントのダウンロードとインストールが始まるので、しばらく待ちます。

図14.8
設定の確認

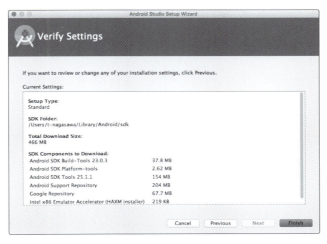

それが完了すると、図14.9の画面が開きます。お疲れ様でした。Android Studioのセットアップは完了です。

図14.9
Android Studioのスタート画面

第 14 章

2.2 Kotlinプラグイン

次に、Kotlinのプラグインをインストールします。図14.9の右下にある「Configure」から「Preferences」*2 をクリックしてください（図14.10）。

図14.10
Configure→Preferences

図14.11のような画面が開くので、左側のリストから「Plugins」を選び、「Install JetBrains plugin…」ボタンをクリックします。

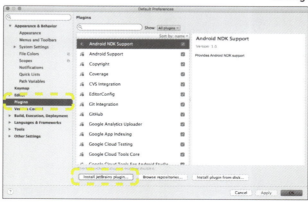

図14.11
Configure→Plugins

＊2　Android Studio 2.1では「Settings」に変わっています。

プラグイン選択画面が表示されるので、「Kotlin」という名前のプラグインを選択します（図14.12）。このとき、検索ボックスに「kotlin」と入力すると、すぐに見つかります。右側に出現する「Install」ボタンをクリックし、ダウンロードとインストールを行います。インストールが完了したら、Android Studioを再起動してプラグインを有効にします。

図14.12
Kotlinプラグイン インストール画面

第 14 章

3 プロジェクト作成

　Kotlinプラグインのインストール済みAndroid Studioを手に入れたので、早速プロジェクトを開始しましょう。スタート画面（図14.9）から、「Start a new Android Studio project」を選択して、新規プロジェクトを作成します。

　Application nameやCompany Domainはなんでも構いませんが、ここではApplication nameを「QiitaClient」と、Company Domainを「sample」にします。ターゲットデバイスは「Phone and Tablet」のみで、Minimum SDKはAPIレベル21にします。そして、自動生成してもらうアクティビティは「Empty Activity」を選びます。Activity NameとLayout Nameはデフォルトのまま、「MainActivity」と「activity_main」にしておきます。

　プロジェクトの設定をまとめると表14.1のようになります。

表14.1
プロジェクトの設定

項目	値
Application name	QiitaClient
Company Domain	sample
ターゲットデバイス	Phone and Tablet
Minimum SDK	APIレベル21
アクティビティ	Empty Activity
Activity Name	MainActivity
Layout Name	activity_main

　プロジェクトを作成すると、図14.13のような画面になります。画面に表示されているコードは、Javaで記述された`MainActivity`のソースファイルです。ここから、Kotlinを使用するための設定をしていきます。

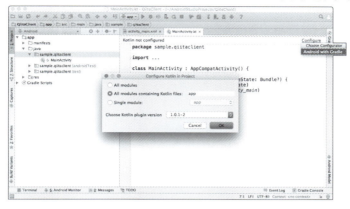

図14.13
プロジェクトの初期状態

　最初に、MainActivity.javaを、Kotlinコードで記述されたMainActivity.ktに変換する必要があります。もちろん手動で行ってもかまいませんが、ここではKotlinプラグインの自動変換機能を使います。

　メニューから「Code」→「Convert Java File to Kotlin File」を選びます。すると、MainActivity.javaがMainActivity.ktに自動的に変換されます。変換後の画面は、図14.14のようになります。Kotlinのコードになっていることがわかりますね。

　変換後も、Kotlinソースファイルが配置されているディレクトリが「java」配下のままなので、このディレクトリ名を「kotlin」に変えるとよいでしょう。その場合は、build.gradleに設定が必要です（リスト14.1）。

kotlinソースディレクトリ設定　　　　　　　　　　　　　　　　　　　　　リスト14.1
```
android {
  (略)
  // 下記の設定が必要
  sourceSets {
      main.java.srcDirs += 'src/main/kotlin'

      // ここはテスト用
      androidTest.java.srcDirs += 'src/androidTest/kotlin'
  }
}
```

図14.14

Kotlinへの変換結果

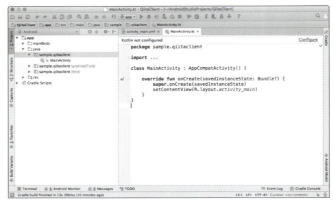

エディタ上部に「Kotlin not configured」というメッセージが表示されています。その右側の「Configure」というテキストをクリックします。すると「Android with Gradle」が選択できるので、これをクリックします（図14.15）。設定のダイアログが出るので、そのまま「OK」ボタンを押します（図14.16）。

図14.15

Kotlinへの変換結果

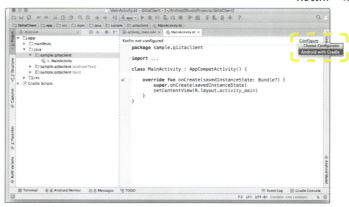

（図14.16）

Kotlinへの変換結果

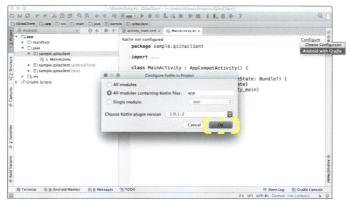

なんと自動的にGradleのビルドファイルに、Kotlinに必要な記述が追記されました（図14.17）！

（図14.17）

Kotlinの設定が自動追加される

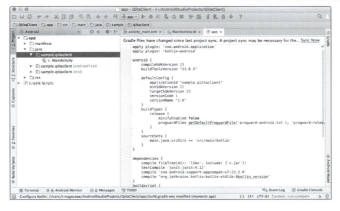

これで、KotlinによるAndroidアプリ開発を始めることができます。再生アイコンのRunボタンをクリックして、Kotlinで記述されている`MainActivity`をビルドして実行しましょう。エミュレータで実行した結果が図14.18です。

第14章　❸ プロジェクト作成

図14.18
Kotlinで記述したアプリが動いた！

4 まとめ

　本章では、KotlinでAndroidプログラミングを始める準備をしました。Android Studioと、その上で動くKotlinプラグインをインストールすれば、道具は整います。プロジェクトをKotlinに対応させるためには、Gradleのビルドスクリプトに Kotlinの設定を記述する必要があります。面倒で退屈な作業を、Kotlinプラグインがあなたに代わってやってくれます。あとは、通常のプロジェクト同様にビルドすれば、KotlinコードをAndroid上で実行することができます。

　では、次章からサンプルアプリの開発を始めます。

第15章 UIを作成する

本章では、Qiitaクライアントアプリの第一歩として、UI（ユーザインタフェース）部分だけを作成します。UIを作り始める前に、表示するデータを表現するためのクラスをいくつか作ります。実際のWeb APIとのやり取りは本章では扱いませんので、ここではダミーデータを表示して、動作を確認することにします。

第15章 1 対象データの定義

最初に、今回のサンプルアプリで扱うデータを整理しておきましょう。Qiitaクライアントアプリを作成するわけですが、下記URLより、QiitaのWeb API仕様を確認することができます。

https://qiita.com/api/v2/docs

ここには「投稿」や「コメント」、「チーム」といったデータ構造が定義されています。多くのデータ構造がありますが、本サンプルアプリでは「投稿」と「ユーザ」のみ扱い

ます。また、「投稿」と「ユーザ」がそれぞれ持つデータのうち、数種類だけをピックアップして使うことにします。「投稿」で使用するデータを表15.1に、「ユーザ」で使用するデータを表15.2にまとめます。

表15.1
「投稿」で使用するデータ

名前	説明
id	ID
title	タイトル
url	URL（Qiitaのページ）
user	ユーザ（投稿者）

表15.2
「ユーザ」で使用するデータ

名前	説明
id	ID
name	名前
profileImageUrl	プロフィール画像のURL

なお、本書ではQiitaにおける「投稿（item）」を「記事（article）」と言い換えることにします。

1.1 Kotlinソースファイルの作成

必要なデータの整理ができました。では、これらを表現するコードを記述していきましょう。「記事」はクラス**Article**、「ユーザ」はクラス**User**として定義します[*1]。

ソースファイルを追加するにあたって、まずは新しいパッケージ[*2]を作成しましょう。今、MainActivity.ktファイルは、パッケージ**sample.qiitaclient**に配置されています。このパッケージを一段深くする形で、パッケージ**sample.qiitaclient.model**を作成します。作成後の画面は図15.1のようになります。

[*1] クラスの定義方法は、第8章「クラスとそのメンバ」を参照してください。
[*2] パッケージについては、第9章「継承と抽象クラス」を参照してください。

1 対象データの定義

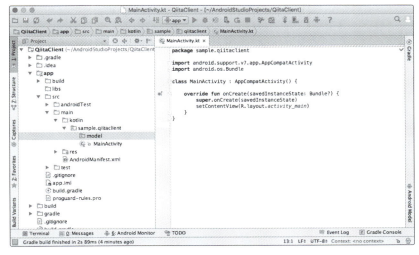

図15.1
パッケージ追加後

そして、パッケージ **sample.qiitaclient.model** の中に、User.ktファイルを作成します。Javaクラスを追加するのと同じように、対象パッケージを選択し、コンテキストメニューを開きます。コンテキストメニューから「New」→「Kotlin File/Class」を選択すると、名前と種類を質問してくるダイアログが表示されるので、名前を「User」、種類はデフォルトのまま「File」で「OK」ボタンをクリックします（図15.2）。

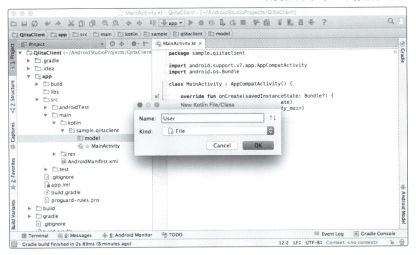

図15.2
Kotlinファイルの作成ダイアログ

これで、目的のパッケージの下に、Kotlinソースファイルを作成することができました。

1.2 クラスUserの定義

では、作成したUser.ktファイルにコードを記述していきます。クラス**User**の定義をリスト15.1に示しますので、これをUser.ktファイルに記述してください。

クラスUser リスト15.1

```
package sample.qiitaclient.model

data class User(val id: String,
                val name: String,
                val profileImageUrl: String)
```

クラス**User**を、**data**で修飾しています。これにより、**User**はデータクラス[3]として便利なメソッドが手に入ります。

Android Studioの上で動作するREPLを使用し、クラス**User**の動きを確認しましょう。Android Studioのメニューから「Tools」→「Kotlin」→「Kotlin REPL」を選択してください（使用するモジュールを聞かれたら「app」を選択してください）。すると図15.3のように、画面下半分にREPLが登場します。「You're running the REPL with outdated classes」というメッセージが出ている場合は、その右隣にある「Build module 'app' and restart」をクリックして、ビルドとREPLの再起動を行ってください。

---

[3] データクラスについては、第13章「その他の話題」を参照してください。

1 対象データの定義

図15.3

Kotlin REPL

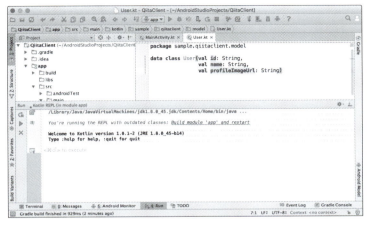

REPL上にコードを書いたら、「command + Enter」で実行です[*4]。

```
import sample.qiitaclient.model.*
val user = User("123", "Taro", "http://www.example.com/image.png")
user[ここでcommand + Enter]
```

図15.4

REPLでの実行結果

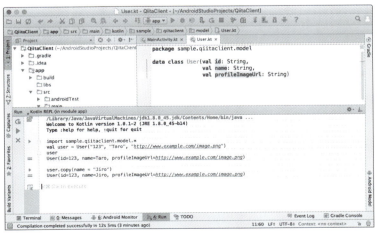

*4 WindowsおよびLinuxでは「Ctrl + Enter」を使います。

どうやら、うまく動いているようです。

1.3 クラスArticleの定義

同じ要領で、クラスArticleを定義します。パッケージsample.qiitaclient.modelの直下に、Article.ktファイルを作成し、リスト15.2の内容を記述します。

クラスArticle　　　　　　　　　　　　　　　　　　　　　リスト15.2
```
package sample.qiitaclient.model

data class Article(val id: String,
                   val title: String,
                   val url: String,
                   val user: User)
```

非常に簡単ですね。Userのときとおなじように、REPLで確認するとよいでしょう。

記事ビュー

第15章 - 2

データの定義を終えたので、次にそれを表示するUIを作っていきましょう。まずは、記事リストの項目に表示するためのカスタムビューを作ります。view_article.xmlというファイル名で、レイアウトファイルを作成し、リスト15.3の内容を記述してください。

view_article.xml — リスト15.3

```xml
<?xml version="1.0" encoding="utf-8"?>
<RelativeLayout xmlns:android="http://schemas.android.com/apk/res/android"
    xmlns:tools="http://schemas.android.com/tools"
    android:layout_width="match_parent"
    android:layout_height="wrap_content"
    android:orientation="vertical"
    android:padding="16dp">

    <ImageView
        android:id="@+id/profile_image_view"
        android:layout_width="60dp"
        android:layout_height="60dp"
        android:layout_centerVertical="true"
        tools:background="#f00" />

    <TextView
        android:id="@+id/title_text_view"
        android:layout_width="wrap_content"
        android:layout_height="wrap_content"
        android:layout_marginStart="16dp"
        android:layout_toEndOf="@id/profile_image_view"
        android:ellipsize="end"
        android:maxLines="2"
        android:textColor="@android:color/black"
        android:textSize="18sp"
        tools:text="記事のタイトル" />
```

```xml
    <TextView
        android:id="@+id/user_name_text_view"
        android:layout_width="wrap_content"
        android:layout_height="wrap_content"
        android:layout_alignStart="@id/title_text_view"
        android:layout_below="@id/title_text_view"
        android:layout_marginTop="8dp"
        android:textColor="@android:color/black"
        android:textSize="14sp"
        tools:text="ユーザの名前" />
</RelativeLayout>
```

　重要なことは、このカスタムビューが3つのビューを持ち、3つの情報を表示するということです。IDが`profile_image_view`の`ImageView`は、ユーザのプロフィール画像を表示するビューです。IDが`title_text_view`の`TextView`は、記事のタイトルを表示するビューです。そして、IDが`user_name_text_view`の`TextView`は、ユーザの名前を表示するビューです。

　配置や見た目は、図15.5のようになります。赤い四角が、プロフィール画像がはまる部分です。

図15.5

view_article.xmlのプレビュー

2 記事ビュー

レイアウトファイルができたので、次にコードです。パッケージ**sample.qiitaclient.view**を新たに追加し、その中にArticleView.ktというファイルを作成します。そしてリスト15.4の内容を記述します。

ArticleView.kt　　　　　　　　　　　　　　　　　　　　　　　リスト15.4

```
package sample.qiitaclient.view

import android.content.Context
import android.graphics.Color
import android.util.AttributeSet
import android.view.LayoutInflater
import android.widget.FrameLayout
import android.widget.ImageView
import android.widget.TextView
import sample.qiitaclient.R
import sample.qiitaclient.model.Article

class ArticleView : FrameLayout {

    constructor(context: Context?) : super(context)

    constructor(context: Context?,
                attrs: AttributeSet?) : super(context, attrs)

    constructor(context: Context?,
                attrs: AttributeSet?,
                defStyleAttr: Int) : super(context, attrs, defStyleAttr)

    constructor(context: Context?,
                attrs: AttributeSet?,
                defStyleAttr: Int,
                defStyleRes: Int) : super(context, attrs, defStyleAttr, defStyleRes)

    var profileImageView: ImageView? = null

    var titleTextView: TextView? = null

    var userNameTextView: TextView? = null

    init {
```

```
        LayoutInflater.from(context).inflate(R.layout.view_article, this) ─── (1)
        profileImageView = findViewById(R.id.profile_image_view) as ImageView
        titleTextView = findViewById(R.id.title_text_view) as TextView         ─ (2)
        userNameTextView = findViewById(R.id.user_name_text_view) as TextView
    }

    fun setArticle(article: Article) {
        titleTextView?.text = article.title
        userNameTextView?.text = article.user.name

        // TODO プロフィール画像をセットする
        profileImageView?.setBackgroundColor(Color.RED)
    }
}
```

　クラス**ArticleView**は、カスタムビューということで**FrameLayout**を継承します。**FrameLayout**（というよりも、その祖先の**View**）は、複数のコンストラクタを持っています。複数のコンストラクタに対応するために、セカンダリコンストラクタを使用しています[*5]。

　initブロック[*6]で、オブジェクトの初期化を行っています。まず、先ほど作成したレイアウト**R.layout.view_article**を、AndroidのAPIを用いてインフレートしています（(1)部分）。そして(2)部分で、メソッド**findViewById**を呼び出し、対応するIDのビューを取得して、各プロパティにセットしています。

　メソッド**setArticle**は、このクラスの使用側から記事オブジェクトをセットしてもらうためのメソッドです。プロパティを介して、各ビューに記事のデータをセットし、画面に反映します。**TextView**の**text**というプロパティにアクセスしているように見えて、驚いているかもしれません。**TextView**には、**setText**と**getText**というメソッドがあります。このように、Javaで記述されたクラスがセッターとゲッターのペアを持つとき、Kotlinにおける**var**のプロパティのように扱うことができます。一方、**ImageView**には、**getBackgroundColor**のようなメソッドは存在しないため、プロパティのような記法ではなく、メソッド**setBackgroundColor**で背景色をセットしています。

[*5] セカンダリコンストラクタについては、第8章「クラスとそのメンバ」を参照してください。
[*6] イニシャライザについては、第8章「クラスとそのメンバ」を参照してください。

2 記事ビュー

これが本当に機能するのか、ちょっとしたコードを書いて確認してみましょう。自動生成されたクラス**MainActivity**（アプリを起動して最初に表示される画面）のコードをリスト15.5のように書き直します。

ArticleViewの実験 リスト15.5

```kotlin
// （省略）
override fun onCreate(savedInstanceState: Bundle?) {
    super.onCreate(savedInstanceState)

    // ArticleViewオブジェクトを生成
    val articleView = ArticleView(applicationContext)

    // Articleオブジェクトを生成して、ArticleViewオブジェクトにセット
    articleView.setArticle(Article(id = "123",
            title = "Kotlin入門",
            url = "http://www.example.com/articles/123",
            user = User(id = "456", name = "たろう", profileImageUrl = "")))

    // このアクティビティにArticleViewオブジェクトをセット
    setContentView(articleView)
}
// （省略）
```

ビルドして実行すると、図15.6のような画面が表示されるはずです。

図15.6
ArticleViewの実験結果

　うまくいったことを確認したところで、コードをKotlinらしくしてみましょう。リスト15.4で気になるところと言ったら、やはり`findViewById`でしょう（(2)部分）。これのせいで`profileImageView`や`titleTextView`が、`var`[7]な上に、Nullable[8]なプロパティになっています。これを`val`かつNotNullにするために、一工夫します。
　Kotlinの標準ライブラリで提供されている関数`lazy`を使用します。`lazy`は、委譲プロパティ[9]の委譲先になれるオブジェクトを生成して返します。
　`lazy`は、引数に関数を取ります。この関数は、対象のプロパティにセットされる値を返すことになります。そして、対象のプロパティが最初に参照されたときに、`lazy`の引数に渡された関数が呼び出されるというわけです。2回目以降の参照では、呼び出されません。まさに、名前のとおり、遅延初期化のための委譲プロパティです。
　`lazy`を使用した新しいコードは、リスト15.6です。

---

[7] varやvalの違いは、第4章「基本的な文法」を参照してください。
[8] Nullable/NotNullについては、第12章「Null安全」を参照してください。
[9] 委譲プロパティについては、第13章「その他の話題」を参照してください。

リスト15.6 lazyを使用したArticleView

```kotlin
// (省略)
    val profileImageView: ImageView by lazy {
        findViewById(R.id.profile_image_view) as ImageView
    }

    val titleTextView: TextView by lazy {
        findViewById(R.id.title_text_view) as TextView
    }

    val userNameTextView: TextView by lazy {
        findViewById(R.id.user_name_text_view) as TextView
    }

    init {
        LayoutInflater.from(context).inflate(R.layout.view_article, this)
    }

    fun setArticle(article: Article) {
        titleTextView.text = article.title
        userNameTextView.text = article.user.name

        // TODO プロフィール画像をセットする
        profileImageView.setBackgroundColor(Color.RED)
    }
}
```

　`findViewById`が、各プロパティの、`lazy`の引数であるラムダ式の中に移動しました。これにより、各プロパティが`val`かつNotNullになり、目標を達成できました！
　もう一手間かけて、よりスッキリしたコードを目指しましょう。パッケージ`sample.qiitaclient`直下に、extensions.ktというファイルを作り、リスト15.7のように記述します。

リスト15.7 拡張関数bindViewの定義

```
package sample.qiitaclient

import android.support.annotation.IdRes
import android.view.View

fun <T : View> View.bindView(@IdRes id: Int): Lazy<T> = lazy {
    findViewById(id) as T
}
```

　bindViewは、クラスViewに対する拡張関数です。リソースIDを受け取り、Lazy<T>（lazyの返すオブジェクトの型）を返します。この拡張関数の導入により、リスト15.6をさらにスッキリ書き直すことができます（リスト15.8）。関数bindViewをインポートすることを忘れないでください。

リスト15.8 bindViewを使用したArticleView

```
// （省略）
    val profileImageView: ImageView by bindView(R.id.profile_image_view)

    val titleTextView: TextView by bindView(R.id.title_text_view)

    val userNameTextView: TextView by bindView(R.id.user_name_text_view)
// （省略）
```

第15章 3 記事ビューのリスト表示

　記事ビューの準備が終わったので、記事の一覧画面を作成します。まずは、データをビューへマッピングするアダプタを実装しましょう。`ArticleListAdapter`というクラス名で、パッケージ`sample.qiitaclient`直下に置くことにします。`ArticleListAdapter`の定義は、リスト15.9のとおりです。

ArticleListAdapter.kt　　　　　　　　　　　　　　　　　　　　リスト15.9

```kotlin
package sample.qiitaclient

import android.content.Context
import android.view.View
import android.view.ViewGroup
import android.widget.BaseAdapter
import sample.qiitaclient.model.Article
import sample.qiitaclient.view.ArticleView

class ArticleListAdapter(private val context: Context) : BaseAdapter() {

    var articles: List<Article> = emptyList()

    override fun getCount(): Int = articles.size

    override fun getItem(position: Int): Any? = articles[position]

    override fun getItemId(position: Int): Long = 0

    override fun getView(position: Int,
                         convertView: View?,
                         parent: ViewGroup?): View =
        ((convertView as? ArticleView) ?: ArticleView(context)).apply {
            setArticle(articles[position])
        }
}
```

`ArticleListAdapter`のコンストラクタは、引数に`Context`を要求します。`ArticleView`の生成に使用するためです。

　リスト表示するための記事オブジェクトのリストを、プロパティ`articles`として持ちます。初期状態は、Kotlinの標準ライブラリ関数である`emptyList`を呼び出して、空のリストになっています。`var`かつ公開された（デフォルトは`public`指定）プロパティのため、外部から記事リストを更新することができます。

　メソッド`getCount`や`getItem`は、`articles`を使用して素直にオーバライドしています。メソッド`getItemId`は、常に`0`を返すようにしました。

　そして、リストの項目に対応するビューを返すメソッド`getView`です。まず、エルビス演算子[*10]を用いて、`convertView`を`ArticleView`として使用するか、新しい`ArticleView`を生成して使用するかを選択しています。

　選択された`ArticleView`オブジェクトに対して、拡張関数`apply`を呼び出しています。`apply`は、Kotlinの標準ライブラリが提供する拡張関数で、その定義はリスト15.10のとおりです。任意の型`T`に対する拡張関数で、引数には関数（型は`T.() -> Unit`）を取ります。この型は、「13.12 メソッドの関数オブジェクト」で解説した、メソッドのような関数オブジェクトの型です。そして、`apply`の行っていることは、引数に取った関数オブジェクトを実行し、`apply`のレシーバを返すことです。

applyの定義　　　　　　　　　　　　　　　　　　　　　リスト15.10
```
public inline fun <T> T.apply(block: T.() -> Unit): T { block(); return this }
```

　リスト15.9で、`ArticleView`オブジェクトに対して呼び出している`apply`が行っていることはこうです。`ArticleView`オブジェクトのメソッド`setArticle`を呼び出して、記事をセットします。`apply`により、ここのブロックにおける`this`は、`ArticleView`オブジェクトなので、`setArticle`の呼び出しのときにレシーバの記述を省略しています。最終的に、`ArticleView`オブジェクトが返されます。`apply`を使うことで、一時的な変数を導入せずに済む、メンバアクセスを短く記述できる、というメリットがあります。

　さて、記事のリスト表示のためのアダプタができたので、クラス`MainActivity`に、記事リストを実装しましょう。このアクティビティが使用するレイアウトファイル`activity_main.xml`をリスト15.11のように編集します。

[*10] エルビス演算子については、第12章「Null安全」を参照してください。

3 記事ビューのリスト表示

activity_main.xml リスト15.11

```xml
<?xml version="1.0" encoding="utf-8"?>
<LinearLayout xmlns:android="http://schemas.android.com/apk/res/android"
    android:layout_width="match_parent"
    android:layout_height="match_parent"
    android:orientation="vertical">

    <ListView
        android:id="@+id/list_view"
        android:layout_width="match_parent"
        android:layout_height="match_parent" />
</LinearLayout>
```

`LinearLayout`の中に`ListView`が1つだけあるという、単純な構造です。この`ListView`に、アダプタとして`ArticleListAdapter`を使用し、記事ビューをリスト表示します。

MainActivity.java リスト15.12

```kotlin
package sample.qiitaclient

import android.os.Bundle
import android.support.v7.app.AppCompatActivity
import android.widget.ListView
import sample.qiitaclient.model.Article
import sample.qiitaclient.model.User

class MainActivity : AppCompatActivity() {

    override fun onCreate(savedInstanceState: Bundle?) {
        super.onCreate(savedInstanceState)
        setContentView(R.layout.activity_main)

        val listAdapter = ArticleListAdapter(applicationContext)
        listAdapter.articles = listOf(dummyArticle("Kotlin入門", "たろう"),
                dummyArticle("Java入門", "じろう"))

        val listView: ListView = findViewById(R.id.list_view) as ListView
        listView.adapter = listAdapter
    }
```

```
    // ダミー記事を生成するメソッド
    private fun dummyArticle(title: String, userName: String): Article =
            Article(id = "",
                    title = title,
                    url = "https://kotlinlang.org/",
                    user = User(id = "", name = userName, profileImageUrl = ""))
}
```

ArticleListAdapterオブジェクトを生成し、プロパティarticlesに、記事のダミーデータを2件セットしています。そして、findViewByIdで取得したListViewオブジェクトのアダプタとして、ArticleListAdapterオブジェクトを設定しています。ここまでの成果をビルドし実行した結果が、図15.7です。

図15.7

記事のリスト表示

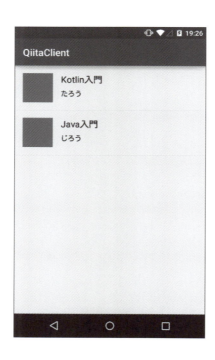

第15章 4 記事詳細画面

記事一覧画面を作成したので、次に、記事詳細画面を作成します。記事詳細画面では、1つの記事に対して、その記事ビューと、本文（記事データが持つURL）を`WebView`で表示するという仕様にします。記事詳細画面で表示対象となる記事は、この画面（アクティビティ）の起動元からインテントで渡すことができるようにします。起動元は、現在のところ`MainActivity`のみで、記事リストの項目をタップされたときに、該当記事をインテントに載せて記事詳細画面を起動することにします。

4.1 Parcelable化

まずは`Article`と`User`の両クラスを、`Parcelable`にする必要があります。`Parcelable`とは、状態の一時的な保存をしてほしいオブジェクトが実装すべきインタフェースです。`Parcelable`は、インテントに載せることができ、アクティビティ間でのオブジェクトの受け渡しが楽になります。ご存知のとおり、`Parcelable`に対応するためのルールに従う必要があり、それをKotlinではどのように実現するのかという点に注目してください。

`Parcelable`に対応したクラス`User`の実装を、リスト15.13に示します。

Parcelable対応のクラスUser リスト15.13

```kotlin
package sample.qiitaclient.model

import android.os.Parcel
import android.os.Parcelable

data class User(val id: String,
                val name: String,
                val profileImageUrl: String) : Parcelable {

    companion object {
```

```kotlin
    @JvmField
    val CREATOR: Parcelable.Creator<User> = object : Parcelable.Creator<User> {
        override fun createFromParcel(source: Parcel): User = source.run {
            User(readString(), readString(), readString())
        }

        override fun newArray(size: Int): Array<User?> = arrayOfNulls(size)
    }
}

override fun describeContents(): Int = 0

override fun writeToParcel(dest: Parcel, flags: Int) {
    dest.run {
        writeString(id)
        writeString(name)
        writeString(profileImageUrl)
    }
}
```

　`User`がインタフェース`Parcelable`を実装するようになりました。そして、インタフェースの提供する抽象メソッドを2つオーバライドしています。メソッド`writeToParcel`の実装で、引数`dest`のメソッド`writeString`を3回続けて呼び出しています。拡張関数`run`は、Kotlinの標準ライブラリが提供する、任意の型に対する拡張関数です。`run`の定義はリスト15.14のとおりですが、動きは拡張関数`apply`と酷似しています。`apply`はレシーバを返すのに対し、`run`は引数の関数の呼び出し結果を返す点が異なります。ここでは返り値に関心がないので、どちらを使用しても動きは変わりません。

runの定義　　　　　　　　　　　　　　　　　　　　　　　　　　　　リスト15.14
```kotlin
public inline fun <T, R> T.run(block: T.() -> R): R = block()
```

　次に、復元用の`CREATOR`ですが、Javaにおける`static`フィールドにする必要があります。これをKotlinで実現しているのが、コンパニオンオブジェクトと、アノテーション`@JvmField`です。

コンパニオンオブジェクトについては、「13.9 コンパニオンオブジェクト」で解説したとおりです。アノテーション`@JvmField`は、プロパティに付けることができるアノテーションで、Javaにおけるフィールドとしてコンパイルされるように指示するものです。もし`@JvmField`を付加しなかった場合、リスト15.13の`CREATOR`にJavaからアクセスするには、`User.Companion.getCREATOR()`のように`Companion`というオブジェクトと、そのメソッドを使用することになります。`@JvmField`を付加していれば、Javaからは`User.CREATOR`というように、`User`の`static`フィールドとして直接アクセスすることができます。

`CREATOR`のメソッド`newArray`では、Kotlinの標準ライブラリ関数`arrayOfNulls`を使用して、`null`で満たされた、指定のサイズ分の配列を生成して返しています。

同じように、`Article`の`Parcelable`対応のコードは、リスト15.15のとおりです。

Parcelable対応のクラスArticle　　　　　　　　　　　　　　　　　　　　　　リスト15.15

```
package sample.qiitaclient.model

import android.os.Parcel
import android.os.Parcelable

data class Article(val id: String,
                   val title: String,
                   val url: String,
                   val user: User) : Parcelable {

    companion object {
        @JvmField
        val CREATOR: Parcelable.Creator<Article> = object : Parcelable.Creator<Article> {
            override fun createFromParcel(source: Parcel): Article = source.run {
                Article(readString(), readString(), readString(), readParcelable(Article::class.java.classLoader)) ──(1)
            }

            override fun newArray(size: Int): Array<Article?> = arrayOfNulls(size)
        }
    }

    override fun describeContents(): Int = 0
```

```
    override fun writeToParcel(dest: Parcel, flags: Int) {
        dest.run {
            writeString(id)
            writeString(title)
            writeString(url)
            writeParcelable(user, flags)
        }
    }
}
```

　(1)部分の**Article::class.java.classLoader**は見慣れない記法ですね。これに相当するコードをJavaで記述すると、**Article.class.getClassLoader()**です。クラス**java.lang.Class**にメソッド**setClassLoader**が存在しなくても、Kotlinでは、**getClassLoader**を**val**のプロパティとして扱うことができます。また、クラスに対して**java.lang.Class**オブジェクトを得たい場合、Kotlinでは**クラス名::class.java**と記述します。**クラス名::class**で、クラスのメタなデータや操作を提供する**kotlin.reflect.KClass**というクラスのオブジェクトを取得することができます。**クラス名::class.java**の**java**は、**KClass**の拡張プロパティで、**java.lang.Class**を返す、ということです。

4.2 記事詳細画面アクティビティの実装

　Articleと**User**を**Parcelable**に対応させたところで、記事詳細画面のアクティビティ（**ArticleActivity**）を実装しましょう。まずはリスト15.16の内容をactivity_article.xmlとして作成します。

activity_article.xml　　　　　　　　　　　　　　　　　　　　リスト15.16
```xml
<?xml version="1.0" encoding="utf-8"?>
<LinearLayout xmlns:android="http://schemas.android.com/apk/res/android"
    android:layout_width="match_parent"
    android:layout_height="match_parent"
    android:orientation="vertical">

    <sample.qiitaclient.view.ArticleView
```

```
            android:id="@+id/article_view"
            android:layout_width="match_parent"
            android:layout_height="wrap_content" />

    <WebView
        android:id="@+id/web_view"
        android:layout_width="match_parent"
        android:layout_height="0dp"
        android:layout_weight="1" />
</LinearLayout>
```

そして、パッケージ`sample.qiitaclient`直下に、クラス`ArticleActivity`を作成し、リスト15.17の内容を記述します。

ArticleActivity.kt　　　　　　　　　　　　　　　　　　　　　　リスト15.17
```
package sample.qiitaclient

import android.content.Context
import android.content.Intent
import android.os.Bundle
import android.support.v7.app.AppCompatActivity
import android.webkit.WebView
import sample.qiitaclient.model.Article
import sample.qiitaclient.view.ArticleView

class ArticleActivity : AppCompatActivity() {

    companion object {

        private const val ARTICLE_EXTRA: String = "article"

        fun intent(context: Context, article: Article): Intent =
                Intent(context, ArticleActivity::class.java)
                        .putExtra(ARTICLE_EXTRA, article)
    }

    override fun onCreate(savedInstanceState: Bundle?) {
        super.onCreate(savedInstanceState)
        setContentView(R.layout.activity_article)
```

```
        val articleView = findViewById(R.id.article_view) as ArticleView
        val webView = findViewById(R.id.web_view) as WebView

        val article: Article = intent.getParcelableExtra(ARTICLE_EXTRA)
        articleView.setArticle(article)
        webView.loadUrl(article.url)
    }
}
```

　コンパニオンオブジェクトに、メソッド`intent`を持たせています。これは、このアクティビティを起動する、付加情報（extra）付きインテントを生成するメソッドであり、Androidアプリ開発では一般的なテクニックのひとつです。付加情報として記事をセットしていますが、そのキーとなる文字列は`ARTICLE_EXTRA`です。`ARTICLE_EXTRA`には、修飾子`const`をわざとらしく付けていますが、付けなくても機能します。`const`は、`val`なプロパティに付けられ、`@JvmField`と同様にJavaにおける`static`フィールドになりますが、コンパイル時定数として扱うことができます。つまり、アノテーションの引数として渡すことができることを意味します。

　メソッド`onCreate`の中では、プロパティ（のように見える）`intent`のメソッド`getParcelableExtra`を呼び出して記事オブジェクトを取得し、それをビューにセットしています。

4.3 リスト項目タップ時に画面遷移させる

　`MainActivity`に戻ります。記事リストから、項目をタップされたときに、`ArticleActivity`を起動するようにしましょう。`MainActivity`のメソッド`onCreate`の新しい実装（一部）をリスト15.18に示します。

リスト項目タップ時の処理 リスト15.18

```
// (略)
    val listView: ListView = findViewById(R.id.list_view) as ListView
    listView.adapter = listAdapter
    listView.setOnItemClickListener { adapterView, view, position, id ->
        val article = listAdapter.articles[position]
        ArticleActivity.intent(this, article).let { startActivity(it) }
    }
}
```

　`listView`のメソッド`setOnItemClickListener`を使用して、リスト項目がタップされたときに呼び出されるリスナを登録しています。面白いのは、リスナの表現がラムダ式であることです。`setOnItemClickListener`はJavaで記述されており、本来取る引数はインタフェース`AdapterView.OnItemClickListener`のオブジェクトのはずです。

　KotlinはSAM（Single Abstract Method）変換という機能を備えています。この仕組みにより「抽象メソッドを1つだけ持つような型」を引数として要求するメソッドに対して、ラムダ式を渡すことができます。インタフェース`AdapterView.OnItemClickListener`の唯一のメソッド`onItemClick`の実装に相当するのが、リスト15.18のラムダ式です。そのため、メソッド`setOnItemClickListener`に渡しているラムダ式の引数は4つあり、`AdapterView.OnItemClickListener#onItemClick`の引数と対応しています。

　肝心のクリック時の動きですが、ラムダ式が引数として受け取る「クリックされた項目の位置」`position`を使用し、詳細表示対象の記事を`listAdapter.articles[position]`という式で取得します。そして、先ほど作成した`ArticleActivity`のコンパニオンオブジェクトのメソッド`intent`を使用し、詳細画面起動インテントを生成します。このインテントに対して、拡張関数`let`を呼び出し、`startActivity`でアクティビティを起動します。

　そうそう！ ビルドして実行する前に、マニフェストを修正しておきましょう（リスト15.19）。

```xml
<?xml version="1.0" encoding="utf-8"?>
<manifest xmlns:android="http://schemas.android.com/apk/res/android"
    package="sample.qiitaclient">

    <!-- 追加: WebViewで使う（次章のWebAPI使用時にも） -->
    <uses-permission android:name="android.permission.INTERNET" />

    <application
        android:allowBackup="true"
        android:icon="@mipmap/ic_launcher"
        android:label="@string/app_name"
        android:supportsRtl="true"
        android:theme="@style/AppTheme">
        <activity android:name=".MainActivity">
            <intent-filter>
                <action android:name="android.intent.action.MAIN" />

                <category android:name="android.intent.category.LAUNCHER" />
            </intent-filter>
        </activity>

        <!-- 追加: 記事詳細画面 -->
        <activity android:name=".ArticleActivity" />
    </application>

</manifest>
```

これでビルドして実行すれば、タップ時に詳細画面が表示されるようになります（図15.8）。

記事詳細画面

図15.8
詳細画面

第15章 5

検索用UIの追加

本章最後のUI追加です。記事一覧画面（**MainActivity**）に検索用のビューを組み込みましょう。activity_main.xmlの内容をリスト15.20のように編集します。

検索用ビューを追加　　　　　　　　　　　　　　　　　　　　　リスト15.20

```xml
<?xml version="1.0" encoding="utf-8"?>
<LinearLayout xmlns:android="http://schemas.android.com/apk/res/android"
    android:layout_width="match_parent"
    android:layout_height="match_parent"
    android:orientation="vertical">

    <ListView
        android:id="@+id/list_view"
        android:layout_width="match_parent"
        android:layout_height="0dp"
        android:layout_weight="1" />

    <LinearLayout
        android:layout_width="match_parent"
        android:layout_height="wrap_content"
        android:gravity="bottom"
        android:orientation="horizontal">

        <EditText
            android:id="@+id/query_edit_text"
            android:layout_width="0dp"
            android:layout_height="wrap_content"
            android:layout_weight="1" />

        <Button
            android:id="@+id/search_button"
            android:layout_width="wrap_content"
```

```
            android:layout_height="wrap_content"
            android:text="検索" />
    </LinearLayout>
</LinearLayout>
```

　IDが**query_edit_text**の**EditText**は、検索用クエリ文字列を入力するのに使用します。IDが**search_button**の**Button**は、タップ時に**query_edit_text**に入力されているクエリ文字列で検索を実行し、一覧画面に結果を反映します。

　今は何も行わないのでコードの変更はありません。プロジェクトをビルドして実行した結果が図15.9です。

図15.9

検索用ビューを追加した一覧画面

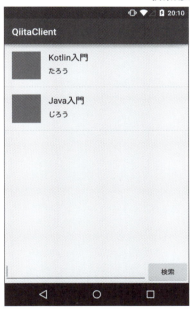

まとめ

　本章では、QiitaクライアントアプリのUI部分を作成しました。記事とユーザのデータクラスを定義し、記事ビュー、記事一覧画面、記事詳細画面、最後に検索用ビューを作成しました。Kotlinについては下記のことを学びました。

- Javaコードのゲッターやセッターが、Kotlinからはプロパティのように見えます。
- 標準ライブラリ関数 `lazy` は、遅延初期化のための委譲プロパティを提供します。
- 標準ライブラリ関数 `apply` や `run` をうまく使うことで、コードがスッキリします。
- コンパニオンオブジェクトのプロパティに `@JvmField` を付けると、Javaにおける `static` フィールドになります。
- 修飾子 `const` は `@JvmField` に似ていますが、コンパイル時定数になる点で異なります。
- 型`::class`で`KClass`が、型`::class.java`で`java.lang.Class`のオブジェクトが手に入ります。
- SAM変換により、1つだけ抽象メソッドを持つ型をJavaコードが要求する場面で、Kotlinではラムダ式を渡すことができます。

第16章 Web APIを利用する

本章ではQiita APIを使用します。前章では記事やユーザにダミーのデータを使用していましたが、Web APIから取得した本物のデータを使用します。APIアクセスに際して、2つの強力なライブラリを利用します。RetrofitとRxAndroidです。Androidアプリ開発で人気のこれらのライブラリを、Kotlinからはどのように使うのかに注目してください。

第16章-1 Retrofit

1.1 Qiita API

Qiita API v2を使って、記事データやユーザデータを取得します。Qiita APIには多くのエンドポイントが提供されていますが、本サンプルアプリで使用するのは、「GET /api/v2/items」の投稿（記事）一覧取得APIのみです。

「GET /api/v2/items」に対して検索用クエリ文字列を投げて、結果をJSONで受け取ります。そしてJSONから、**Article**オブジェクトや**User**オブジェクトといった、ア

第16章

プリ内で扱いやすい表現へ変換して、実際に表示してみます。このような、リクエストを構築してWeb APIに投げ、受け取ったレスポンスからドメイン（問題領域）のオブジェクトに変換する流れは、Web APIを扱うアプリでは一般的です。これを簡単に実現できるライブラリがRetrofitです。

では、私たちのプロジェクトでRetrofitを使ってみましょう。まずはモジュールのbuild.gradleに、Retrofitへの依存を追記します（リスト16.1）。

build.gralde　　　　　　　　　　　　　　　　　　　　　　　リスト16.1
```
dependencies {
    compile fileTree(dir: 'libs', include: ['*.jar'])
    testCompile 'junit:junit:4.12'
    compile 'com.android.support:appcompat-v7:23.4.0'
    compile "org.jetbrains.kotlin:kotlin-stdlib:$kotlin_version"

    compile 'com.squareup.retrofit2:retrofit:2.0.2' ──ここを追記
}
```

build.gradleを編集したときに、図16.1のように、エディタ上部にプロジェクト同期を促すメッセージが表示されたら「Sync Now」をクリックして、IDEに設定変更を反映してください。

図16.1

プロジェクト同期

これでRetrofitを使う準備ができました。さらに続けて、RxAndroidの準備もしましょう。

1.2 RxAndroid

　RxAndroidとは、RxJavaのAndroidに特化したバージョンです。RxJavaとは、Reactive Extensionsという、もともと.NET Frameworkのライブラリとしてあったもの のJVM実装と言えます。「では、Reactive Extensionsとは何か？」ですが、コレクションやイベント、非同期といった多岐に渡るデータソースを、簡単かつ統一的なインタフェースで扱うことができるライブラリです。本サンプルアプリでは、RxAndroidを使用して「非同期」を扱います（いわゆるFuture/Promiseのようなイメージです）。Web APIへリクエストを投げてレスポンスを受け取るまでを非同期で行い、コールバックをメインスレッド（UIスレッド）で受け取ります。

　RxAndroidを使用するために、build.gradleに依存を追記します（リスト16.2）。また、RetrofitでRxAndroidを使うための依存も追加します。それに伴って、Retrofitのバージョン指定の記法を変えました。文字列をダブルクォートで囲んでいることに注意してください。

build.gralde　　　　　　　　　　　　　　　　　　　　　　　リスト16.2
```
dependencies {
    compile fileTree(dir: 'libs', include: ['*.jar'])
    testCompile 'junit:junit:4.12'
    compile 'com.android.support:appcompat-v7:23.4.0'
    compile "org.jetbrains.kotlin:kotlin-stdlib:$kotlin_version"

    compile 'io.reactivex:rxandroid:1.2.1'
    def retrofitVersion = '2.0.2'
    compile "com.squareup.retrofit2:retrofit:$retrofitVersion"
    compile "com.squareup.retrofit2:adapter-rxjava:$retrofitVersion"
}
```
ここを編集

　RxAndroidを使えるようになったので、Retrofitと合わせてWeb APIクライアントを実装しましょう。パッケージ`sample.qiitaclient.client`を新しく作成します。その中に`ArticleClient`というインタフェースを作成し、リスト16.3を記述します。

```
ArticleClient.kt                                              リスト16.3
package sample.qiitaclient.client

import retrofit2.http.GET
import retrofit2.http.Query
import rx.Observable
import sample.qiitaclient.model.Article

interface ArticleClient {

    @GET("/api/v2/items")
    fun search(@Query("query") query: String): Observable<List<Article>>
}
```

　抽象メソッド **search** が、記事の検索を Qiita API によって行います。Retrofit が提供するアノテーション **@GET** と **@Query** を使用しています。**@GET** は、引数に指定したエンドポイントへの（HTTP における）GET メソッドを意味します。**@Query** は、クエリパラメータを表します。アノテーションの引数がクエリパラメータの名前で、アノテーションが付加されたメソッドの引数が値になります。

　そして、メソッド **search** の返り値の型が、**Observable<List<Article>>** です。クラス **Observable** は、RxAndroid の提供するクラスです。**search** の使用者は、返される **Observable** を購読（subscribe）することで、結果を受け取ります。「結果」は **Observable** の型引数として渡している **List<Article>** です。記事一覧取得の API なので、**Article** の **List** というわけです。

　クライアントの実装は以上です。使う際には、いくつかの設定が必要ですが、**ArticleClient** の実装クラスの定義などは不要です。Retrofit が、このアノテーション付きインタフェースを使って、いい感じにやってくれるのです。素晴らしい！

1.3　GSON

　さて、Qiita API は結果を JSON で返します。受け取った JSON から Java オブジェクト（Kotlin オブジェクト）へ変換するための設定をしましょう。ここでは JSON と Java オブジェクトを相互に変換するライブラリとして GSON を使用します。Retrofit で GSON を使用するための依存関係を build.gradle に追記してください（リスト16.4）。

リスト16.4 build.gradle

```
dependencies {
    compile fileTree(dir: 'libs', include: ['*.jar'])
    testCompile 'junit:junit:4.12'
    compile 'com.android.support:appcompat-v7:23.4.0'
    compile "org.jetbrains.kotlin:kotlin-stdlib:$kotlin_version"

    def retrofitVersion = '2.0.2'
    compile "com.squareup.retrofit2:retrofit:$retrofitVersion"
    compile "com.squareup.retrofit2:adapter-rxjava:$retrofitVersion"
    compile "com.squareup.retrofit2:converter-gson:$retrofitVersion"   ── ここを追記
}
```

1.4 APIクライアントの設定

準備が整いました。実際にAPIアクセスを行うクライアントの実装を手に入れましょう。`MainActivity`（記事一覧画面）のメソッド`onCreate`内に、リスト16.5を追記します。適宜、必要なインポートを行ってください（完全なコードは後ほど掲載します）。

リスト16.5 APIクライアントの設定と生成

```
val gson = GsonBuilder()
        .setFieldNamingPolicy(FieldNamingPolicy.LOWER_CASE_WITH_UNDERSCORES)
        .create()
val retrofit = Retrofit.Builder()
        .baseUrl("https://qiita.com")
        .addConverterFactory(GsonConverterFactory.create(gson))
        .addCallAdapterFactory(RxJavaCallAdapterFactory.create())
        .build()
val articleClient = retrofit.create(ArticleClient::class.java)
```

まずは、GSONの設定を行います。`GsonBuilder`オブジェクトのメソッド`setFieldNamingPolicy`に、`FieldNamingPolicy.LOWER_CASE_WITH_UNDERSCORES`をセットしています。JSONのスネークケース（すべて小文字のアンダースコア区切り）で表現されるフィールド名を、Javaオブジェクトでキャメルケース（頭文字小文字で大文字区切り）に対応させるための設定です。メソッド`create`で、`Gson`オブジェクトを生成

Retrofit

し、**gson**という名前を付けています。

次に、Retrofitの設定です。**Retrofit.Builder**オブジェクトを得て、各種設定をしていきます。メソッド**baseUrl**でエンドポイントのベースとなるURLを設定します。Qiita APIを使用するため**"https://qiita.com"**を設定しています。メソッド**addConverterFactory**で、レスポンスからオブジェクトへのコンバータファクトリを設定します。**GsonConverterFactory**のメソッド**create**に、先ほど生成した**Gson**オブジェクトを渡しています。メソッド**addCallAdapterFactory**の引数に**RxJavaCallAdapterFactory.create()**を渡すことで、RetrofitでRxAndroidを使うことができるようにしています。最後にメソッド**build**を呼び出して、**Retrofit**オブジェクトを生成し、**retrofit**という名前を付けています。

そして、お待ちかねのクライアントの実装の生成です。**retrofit.create(ArticleClient::class.java)**の部分で、インタフェース**ArticleClient**の実装が手に入ります。

第16章 ── 2

検索ボタンの
タップ時の処理

Qiita APIから記事を検索する術を手に入れたので、検索ボタンのタップ時の処理を実装しましょう。検索ボタンタップで、検索用クエリ文字列を**EditText**から取り出して、APIアクセスを始めます。APIアクセスは、RxAndroidにより非同期で行い、コールバックをメインスレッドで受け取り、画面に結果を反映します。コードはリスト16.6のとおりです。

検索ボタンのタップ時の処理 　　　　　　　　　　　　　　　　　　　リスト16.6

```
val queryEditText = findViewById(R.id.query_edit_text) as EditText
val searchButton = findViewById(R.id.search_button) as Button

searchButton.setOnClickListener {
    articleClient.search(queryEditText.text.toString())
            .subscribeOn(Schedulers.io())
            .observeOn(AndroidSchedulers.mainThread())
            .subscribe({
                queryEditText.text.clear()
                listAdapter.articles = it
                listAdapter.notifyDataSetChanged()
            }, {
                toast("エラー : $it")
            })
}
```

リスナは、SAM変換によりラムダ式で記述できるのでした。検索ボタンがタップされると、**articleClient.search(queryEditText.text.toString())**で、**Observable<List<Article>>**を取得します。メソッド**subscribeOn**に**Schedulers.io()**を指定することで、結果（ストリーム）の生成を行う部分（つまりAPIアクセスやJSONからの変換部分）を別スレッドで実行します。メソッド**observeOn**に**AndroidSchedulers.mainThread()**を指定することで、以降のコールバックがメインスレッドで実行されます。メソッド**subscribe**は、結果の受け取りコールバックと、エラーの

受け取りコールバックを登録するとともに、ストリーム生成が開始されます。

`subscribe`の第1引数に、結果の受け取りコールバックをラムダ式として渡しています。正常に結果を受け取ることができたら、`queryEditText`の中身を空にして、`listAdapter`に結果（新しい記事リスト）をセットし、メソッド`notifyDataSetChanged`を呼び出して画面に反映します。

第2引数には、エラーの受け取りコールバックとしてラムダ式を渡しています。エラーがあった場合、トーストを表示することにしました。`toast`は、extensions.ktに拡張関数として追加します（リスト16.7）。

extensions.kt（一部） リスト16.7
```
fun Context.toast(message: String, duration: Int = Toast.LENGTH_SHORT) {
    Toast.makeText(this, message, duration).show()
}
```

コールバックを多用するRxAndroidのスタイルでは、KotlinのSAM変換の旨味が存分に発揮されていますね。

2.1 Glide

長らく保留にしてきた記事ビューのプロフィール画像の取得と、表示を実装しましょう。Glideというライブラリの力を借りれば、一瞬で実装できます。

下記の依存関係を`build.gradle`の`dependencies`に追記してください。

```
compile 'com.github.bumptech.glide:glide:3.7.0'
```

そして、クラス`ArticleView`のメソッド`setArticle`のコードをリスト16.8のように編集します。

Glideを使って画像のロード&セット リスト16.8
```
fun setArticle(article: Article) {
    titleTextView.text = article.title
    userNameTextView.text = article.user.name
    Glide.with(context).load(article.user.profileImageUrl).into(profileImageView)
}
```

ここまで実装して、ビルドし、実行すれば、うまいこと動作します（図16.2）。

図16.2
実際のQiita APIを使って動く

2.2 RxLifecycle

アクティビティでRxAndroidを使う際に気を付けなければならないことは、アクティビティのライフサイクルです。アクティビティが破棄されることにより、エラーやメモリリークが発生する場合があるのです。RxAndroidを使う上で、アクティビティなどのライフサイクルの面倒を見てくれる心強いライブラリがRxLifecycleです。リスト16.9のようにbuild.gradleを編集して、RxLifecycleを使用できるようにします。

第 16 章

リスト16.9 build.gradle
```
dependencies {
    compile fileTree(dir: 'libs', include: ['*.jar'])
    testCompile 'junit:junit:4.12'
    compile 'com.android.support:appcompat-v7:23.4.0'
    compile "org.jetbrains.kotlin:kotlin-stdlib:$kotlin_version"

    compile 'com.github.bumptech.glide:glide:3.7.0'

    def retrofitVersion = '2.0.2'
    compile "com.squareup.retrofit2:retrofit:$retrofitVersion"
    compile "com.squareup.retrofit2:adapter-rxjava:$retrofitVersion"
    compile "com.squareup.retrofit2:converter-gson:$retrofitVersion"

    def rxlifecycleVersion = '0.6.1'
    compile "com.trello:rxlifecycle-kotlin:$rxlifecycleVersion"
    compile "com.trello:rxlifecycle-components:$rxlifecycleVersion"
}
```
（最後の2行：追加）

ライフサイクルの面倒を見てもらうようにするには、まず継承するアクティビティを変更します。クラス`MainActivity`は`AppCompatActivity`を継承していましたが、`RxAppCompatActivity`を継承するようにします（後出のリスト16.12の20行目）。そして、subscribeする部分をリスト16.10のように編集します。

リスト16.10 RxLifecycleにライフサイクルの面倒を見てもらう
```
articleClient.search(queryEditText.text.toString())
        .subscribeOn(Schedulers.io())
        .observeOn(AndroidSchedulers.mainThread())
        .bindToLifecycle(this)  ──ここを追記
        .subscribe({
            queryEditText.text.clear()
            listAdapter.articles = it
            listAdapter.notifyDataSetChanged()
        }, {
            toast("エラー : $it")
        })
```

`bindToLifecycle`は、RxLifecycleのKotlin対応版が提供する`Observable`に対する拡張関数であり、Kotlinからでも使いやすくなっています。

2.3 インジケータの表示

　Web APIからの応答は、電波状況などにより時間を要することが予想されます。そこで、何か仕事をしているということをユーザに知らせるためのインジケータを表示しましょう。新しいactivity_main.xmlをリスト16.11に示します。

activity_main.xml　　　　　　　　　　　　　　　　　　リスト16.11

```xml
<?xml version="1.0" encoding="utf-8"?>
<LinearLayout
    xmlns:android="http://schemas.android.com/apk/res/android"
    android:layout_width="match_parent"
    android:layout_height="match_parent"
    android:orientation="vertical">

    <FrameLayout
        android:layout_width="match_parent"
        android:layout_height="0dp"
        android:layout_weight="1">

        <ListView
            android:id="@+id/list_view"
            android:layout_width="match_parent"
            android:layout_height="match_parent"/>

        <ProgressBar
            android:id="@+id/progress_bar"
            android:layout_width="wrap_content"
            android:layout_height="wrap_content"
            android:layout_gravity="center"
            android:visibility="gone"/>
    </FrameLayout>

    <LinearLayout
        android:layout_width="match_parent"
        android:layout_height="wrap_content"
        android:gravity="bottom"
        android:orientation="horizontal">

        <EditText
            android:id="@+id/query_edit_text"
```

第16章

```xml
            android:layout_width="0dp"
            android:layout_height="wrap_content"
            android:layout_weight="1"/>

        <Button
            android:id="@+id/search_button"
            android:layout_width="wrap_content"
            android:layout_height="wrap_content"
            android:text="検索"/>
    </LinearLayout>
</LinearLayout>
```

ProgressBarを画面中央に表示するようにしています。初期状態は非表示です。

コードも修正します。Web APIアクセスが始まるときにProgressBarを表示し、結果を正常に受け取るか、エラーが発生したとき、すなわちストリームの終端に達したときに、ProgressBarを非表示に戻します。MainActivityの完全なコードはリスト16.12のとおりです。

MainActivity.kt リスト16.12

```kotlin
package sample.qiitaclient

import android.os.Bundle
import android.view.View
import android.widget.Button
import android.widget.EditText
import android.widget.ListView
import android.widget.ProgressBar
import com.google.gson.FieldNamingPolicy
import com.google.gson.GsonBuilder
import com.trello.rxlifecycle.components.support.RxAppCompatActivity
import com.trello.rxlifecycle.kotlin.bindToLifecycle
import retrofit2.Retrofit
import retrofit2.adapter.rxjava.RxJavaCallAdapterFactory
import retrofit2.converter.gson.GsonConverterFactory
import rx.android.schedulers.AndroidSchedulers
import rx.schedulers.Schedulers
import sample.qiitaclient.client.ArticleClient
```

```kotlin
class MainActivity : RxAppCompatActivity() {

    override fun onCreate(savedInstanceState: Bundle?) {
        super.onCreate(savedInstanceState)
        setContentView(R.layout.activity_main)

        val listView = findViewById(R.id.list_view) as ListView
        val progressBar = findViewById(R.id.progress_bar) as ProgressBar
        val queryEditText = findViewById(R.id.query_edit_text) as EditText
        val searchButton = findViewById(R.id.search_button) as Button

        val listAdapter = ArticleListAdapter(applicationContext)
        listView.adapter = listAdapter
        listView.setOnItemClickListener { adapterView, view, position, id ->
            val intent = ArticleActivity.intent(this, listAdapter.articles[position])
            startActivity(intent)
        }

        val gson = GsonBuilder()
                .setFieldNamingPolicy(FieldNamingPolicy.LOWER_CASE_WITH_UNDERSCORES)
                .create()
        val retrofit = Retrofit.Builder()
                .baseUrl("https://qiita.com")
                .addConverterFactory(GsonConverterFactory.create(gson))
                .addCallAdapterFactory(RxJavaCallAdapterFactory.create())
                .build()
        val articleClient = retrofit.create(ArticleClient::class.java)

        searchButton.setOnClickListener {
            progressBar.visibility = View.VISIBLE

            articleClient.search(queryEditText.text.toString())
                    .subscribeOn(Schedulers.io())
                    .observeOn(AndroidSchedulers.mainThread())
                    .doAfterTerminate {
                        progressBar.visibility = View.GONE
                    }
                    .bindToLifecycle(this)
                    .subscribe({
                        queryEditText.text.clear()
```

```
                    listAdapter.articles = it
                    listAdapter.notifyDataSetChanged()
                }, {
                    toast("エラー: $it")
                })
        }
    }
}
```

　メソッド**onCreate**の中身が長くなってしまいましたが、ひとまずここでは目をつむりましょう。

　検索ボタンがタップされたとき、最初に**ProgressBar**を表示するように変更しました。メソッド**doAfterTerminate**は、ストリームが終端に達した後に呼び出されるコールバックを登録するメソッドです。ここで**ProgressBar**を非表示にしています。

3 まとめ

　本章では、Qiita APIを使用して本物の記事データを表示するまでを実装しました。Web APIのクライアントとしてRetrofitを使用し、さらにその補助ツールとしてRxAndroid、RxLifecycle、GSONを使用しました。基本的にRetrofitやRxAndroid、GSONはJava用のライブラリですが、特別なことをせずにKotlinから使うことができました。RxAndroidについてはむしろ、SAM変換の存在により、相性が良いと言えるでしょう。次章ではテストコードを記述するにあたって、他のJavaライブラリをKotlinから使用する例を紹介します。

第17章 テストを実施する

本章では、前章までで作成してきたQiitaクライアントアプリをテストします。そのために、EspressoというテストライブラリをKotlinから使用します。また、Dagger2というDIフレームワークを導入します。テスタブルなコードにリファクタリングし、モックを差し込んでテストを実施します。

第17章 1

Espresso

Espressoは、AndroidのUIテスト用ライブラリです。本サンプルアプリでは、Espressoを使用してテストを行います。Espressoについての詳細は割愛します。詳しい使用法については公式ドキュメント[*1]を参照してください。

---

*1 https://google.github.io/android-testing-support-library/docs/espresso/index.html

第17章

1.1 テストの準備

まずはbuild.gradleに設定を追記していきましょう。build.gradleの**dependencies**に下記の依存関係を追記します。

```
androidTestCompile 'com.android.support.test.espresso:espresso-core:2.2.2'
androidTestCompile 'com.android.support.test:runner:0.5'
androidTestCompile 'com.android.support:support-annotations:23.4.0'
```

次に、同じくbuild.gradleの**defaultConfig**を下記のように編集します。

```
android {
    compileSdkVersion 23
    buildToolsVersion "23.0.3"

    defaultConfig {
        applicationId "sample.qiitaclient"
        minSdkVersion 21
        targetSdkVersion 23
        versionCode 1
        versionName "1.0"
        testInstrumentationRunner 'android.support.test.runner.AndroidJUnitRunner' // ──ここを追記
    }
// (略)
```

Espressoを使用する準備ができたので、テストコードを書き始めましょう。appモジュールに、既にテスト用ソースファイルの置き場が作成されているはずです。パスは**app/src/androidTest/java**ですが、なければ作成してください。

また、オプションですが、「java」ディレクトリを「kotlin」に名前変更してください。その場合は、下記のbuild.gradleの設定も必要です。

```
android {
    // (略)
    sourceSets {
        main.java.srcDirs += 'src/main/kotlin'
        androidTest.java.srcDirs += 'src/androidTest/kotlin' ──ここを追記
    }
}
```

テスト用ソースファイルの置き場に、パッケージ**sample.qiitaclient**として、クラス**MainActivityTest**を作成します。そしてリスト17.1の内容を記述してください。

はじめてのテスト リスト17.1

```
package sample.qiitaclient

import android.support.test.runner.AndroidJUnit4
import org.junit.Test
import org.junit.runner.RunWith

@RunWith(AndroidJUnit4::class)
class MainActivityTest {
    @Test
    fun test() {
        throw AssertionError("失敗するはず")
    }
}
```

アノテーション**@Test**が付いているメソッドが、テストメソッドとなります。このテストを実行すると、例外**AssertionError**がスローされて失敗するはずです。実際にビルドし、テストを実行してみてください。「失敗するはず」のメッセージを確認できれば、期待どおりにテストが走っています。例外をスローする部分を削除して、改めて実行すると、今度はテストが成功します。

現時点でのディレクトリ構成は、図17.1のようになっていると思います。

図17.1

現時点でのディレクトリ構造

1.2 Espressoを用いたUIテスト

では、実際にEspressoを用いてUIテストを記述していきます。**MainActivity**を起動した最初の状態で、リストビューや検索ボタンなどが表示されていることをテストしてみましょう。そのためのテストコードをリスト17.2に示します。

各ビューの表示／非表示をテストする　　リスト17.2

```kotlin
package sample.qiitaclient

import android.support.test.espresso.Espresso.onView
import android.support.test.espresso.assertion.ViewAssertions.matches
import android.support.test.espresso.matcher.ViewMatchers.isDisplayed
import android.support.test.espresso.matcher.ViewMatchers.withId
import android.support.test.rule.ActivityTestRule
import android.support.test.runner.AndroidJUnit4
import android.view.View
import org.hamcrest.Matcher
import org.hamcrest.Matchers.not
import org.junit.Rule
import org.junit.Test
import org.junit.runner.RunWith

@RunWith(AndroidJUnit4::class)
class MainActivityTest {

    @JvmField
    @Rule
    val activityTestRule = ActivityTestRule(MainActivity::class.java)

    @Test
    fun 各ビューが表示されていること_ただしプログレスバーは非表示() {
        onView(withId(R.id.list_view)).check(matches(isDisplayed()))
        onView(withId(R.id.query_edit_text)).check(matches(isDisplayed()))
        onView(withId(R.id.search_button)).check(matches(isDisplayed()))

        onView(withId(R.id.progress_bar)).check(matches(isNotDisplayed()))
    }

    fun isNotDisplayed(): Matcher<View> = not(isDisplayed())
}
```

アノテーション`@Rule`により、`MainActivity`の`ActivityTestRule`オブジェクトをルールとして適用しています。アノテーション`@JvmField`も付加していることに注意してください。JUnit（今回使用しているテスティングフレームワーク）が、Javaにおけるフィールドを要求しているからです。

テストメソッドを日本語にしています（Javaと同様にKotlinでも可能です）。これについては賛否が分かれますが、後ほどクォートで面白い例を紹介したいので、その布石として日本語メソッドを使用することにします。

さて、実際のテストコードに注目してみましょう。`onView`や`withId`、`check`などのメソッドは、Espressoが提供するAPIです。例えば、メソッド`onView`はクラス`Espresso`の`static`メソッドですが、インポートによってクラス名の記述を省略しています。テストコードの見通しをよくするため、他のメソッドについても同様の手法を用いています。あるメソッドがどのクラスに属しているのかを知りたい場合は、インポート文から該当のメソッドを探してください。

`onView(withId(R.id.list_view))`の部分で、IDが`R.id.list_view`のビューに対して、操作や検証を行うことができるようにしています。後に続くメソッド`check`で、検査を行います。`matches(isDisplayed())`で、表示されていることを検査することができます。

プログレスバー（IDが`R.id.progress_bar`のビュー）は、非表示であることをテストするために、独自に定義した関数`isNotDisplayed`を使用して検査しています。関数`isNotDisplayed`の実装は、Hamcrest（というマッチャーライブラリ）とEspressoが提供するAPIを組み合わせた`not(isDisplayed())`に過ぎません。

このテストコードをビルドして実行すると、テストに成功します。

「app」モジュールを選択した状態でコンテキストメニューを開き、「Run 'All Tests'」をクリックすることで、テストを実行できます。

第17章

Dagger2

　続きのテストを実施する前に、Dagger2を導入して、コードをリファクタリングしましょう。Dagger2は、Android開発者に人気のDI（Dependency Injection、依存性注入）フレームワークです。DIとは、コンポーネントの依存関係を外部から注入するテクニックです。コンポーネント間の結合を弱くすることで、変更に強くなり、テスタビリティが向上すると期待できます。Dagger2に関する詳細な情報は、公式ドキュメント[*2]を参照してください。

　本サンプルアプリにDagger2を導入して、**MainActivity**の**ArticleClient**の実装への依存を、外部からコントロールすることにします。そうすることで、例えばDebugビルド時には、ダミーデータを返す**ArticleClient**を使用したり、テストのためにモックを使用したりすることが可能になります。

　Dagger2を使用するために、build.gradleに下記の依存関係を追記してください。

```
def daggerVersion = '2.4'
compile "com.google.dagger:dagger:$daggerVersion"
kapt "com.google.dagger:dagger-compiler:$daggerVersion"
provided 'javax.annotation:jsr250-api:1.0'
```

　kaptは、KotlinでのAnnotation Processingのための依存関係です。Dagger2は、Pluggable Annotation Processing APIを使用したフレームワークであり、コンパイル時にアノテーションを処理し、Javaコードを自動生成します。「kapt」というKotlin公式ツールにより、KotlinでもAnnotation Processingツールを利用できるのです。

　アノテーションを解析してJavaコードが生成されるタイミングや、Kotlinソースファイルのコンパイルが実行されるタイミングなどの都合上、下記の設定がbuild.gradleに必要です。

[*2] http://google.github.io/dagger/

```
android {
  // (略)
}

kapt {                  ┐
    generateStubs = true │─ 追加
}                       ┘
```

準備完了です。設定をIDEに反映させたら、Dagger2を使用して依存を外に出す作業を始めます。

プロダクト用ソースファイル置き場（**app/src/main/kotlin**）に、パッケージ**sample.qiitaclient.dagger**を新しく作成してください。その中に、クラス**ClientModule**を定義し、提供する実装を記述していきます（リスト17.3）。

ClientModule.kt — リスト17.3
```
package sample.qiitaclient.dagger

import com.google.gson.FieldNamingPolicy
import com.google.gson.Gson
import com.google.gson.GsonBuilder
import dagger.Module
import dagger.Provides
import retrofit2.Retrofit
import retrofit2.adapter.rxjava.RxJavaCallAdapterFactory
import retrofit2.converter.gson.GsonConverterFactory
import sample.qiitaclient.client.ArticleClient
import javax.inject.Singleton

@Module
class ClientModule {

    @Provides
    @Singleton
    fun provideGson(): Gson = GsonBuilder()
            .setFieldNamingPolicy(FieldNamingPolicy.LOWER_CASE_WITH_UNDERSCORES)
            .create()

    @Provides
    @Singleton
```

```
    fun provideRetrofit(gson: Gson): Retrofit = Retrofit.Builder()
            .baseUrl("https://qiita.com")
            .addConverterFactory(GsonConverterFactory.create(gson))
            .addCallAdapterFactory(RxJavaCallAdapterFactory.create())
            .build()

    @Provides
    @Singleton
    fun provideArticleClient(retrofit: Retrofit): ArticleClient =
            retrofit.create(ArticleClient::class.java)
}
```

次に、同じパッケージ内に、インタフェース **AppComponent** を定義し、依存性の注入先を指定するとともに、使用するモジュールを宣言しておきます（リスト17.4）。

AppComponent.kt — リスト17.4

```
package sample.qiitaclient.dagger

import dagger.Component
import sample.qiitaclient.MainActivity
import javax.inject.Singleton

@Component(modules = arrayOf(ClientModule::class))
@Singleton
interface AppComponent {

    fun inject(mainActivity: MainActivity)
}
```

アノテーション **@Component** の引数 **modules** に渡している式に注目してください。**modules** は、**java.lang.Class** の配列を要求しています。Kotlinでは、指定した要素を持つ配列の生成を行うのに、関数 **arrayOf** を使用します[*3]。また、アノテーションの引数だけの特別ルールとして、**java.lang.Class** を要求する部分に、**型名::class** と記述するだけでOKです（**型名::class.java** と記述する必要はありません）。

そして、Dagger2が自動生成する **AppComponent** の実装のオブジェクトを生成します。

[*3] Kotlinのバージョン1.2以降では、配列を取るアノテーション引数に限り、より簡潔な記法が用意されています。詳細はKotlin公式サイトを参照してください。

パッケージ`sample.qiitaclient`直下に、クラス`QiitaClientApp`を定義します（リスト17.5）。`DaggerAppComponent`が見えない場合は、一度ビルドしてみてください。

QiitaClientApp.kt ── リスト17.5

```kotlin
package sample.qiitaclient

import android.app.Application
import sample.qiitaclient.dagger.AppComponent
import sample.qiitaclient.dagger.DaggerAppComponent

class QiitaClientApp : Application() {

    val component: AppComponent by lazy {
        DaggerAppComponent.create()
    }
}
```

これで、依存性を注入する準備が整いました。`MainActivity`をリスト17.6のように編集し、`ArticleClient`の実装を注入しましょう。

MainActivity.kt ── リスト17.6

```kotlin
package sample.qiitaclient

import android.os.Bundle
import android.view.View
import android.widget.Button
import android.widget.EditText
import android.widget.ListView
import android.widget.ProgressBar
import com.trello.rxlifecycle.components.support.RxAppCompatActivity
import com.trello.rxlifecycle.kotlin.bindToLifecycle
import rx.android.schedulers.AndroidSchedulers
import rx.schedulers.Schedulers
import sample.qiitaclient.client.ArticleClient
import javax.inject.Inject

class MainActivity : RxAppCompatActivity() {

    @Inject
    lateinit var articleClient: ArticleClient    ──(1)
```

```kotlin
    override fun onCreate(savedInstanceState: Bundle?) {
        super.onCreate(savedInstanceState)
        (application as QiitaClientApp).component.inject(this)  ──(2)
        setContentView(R.layout.activity_main)

        val listView = findViewById(R.id.list_view) as ListView
        val progressBar = findViewById(R.id.progress_bar) as ProgressBar
        val queryEditText = findViewById(R.id.query_edit_text) as EditText
        val searchButton = findViewById(R.id.search_button) as Button

        val listAdapter = ArticleListAdapter(applicationContext)
        listView.adapter = listAdapter
        listView.setOnItemClickListener { adapterView, view, position, id ->
            val intent = ArticleActivity.intent(this, listAdapter.articles[position])
            startActivity(intent)
        }

        searchButton.setOnClickListener {
            progressBar.visibility = View.VISIBLE

            articleClient.search(queryEditText.text.toString())
                    .subscribeOn(Schedulers.io())
                    .observeOn(AndroidSchedulers.mainThread())
                    .doAfterTerminate {
                        progressBar.visibility = View.GONE
                    }
                    .bindToLifecycle(this)
                    .subscribe({
                        queryEditText.text.clear()
                        listAdapter.articles = it
                        listAdapter.notifyDataSetChanged()
                    }, {
                        toast("エラー : $it")
                    })
        }
    }
}
```

(1)の部分で、アノテーション`@Inject`により、注入されるプロパティを指定しています。Dagger2により、先ほどの`ClientModule`や`AppComponent`で設定した依存性が、このプロパティにセットされることになります。

委譲プロパティを使用しないプロパティは、原則として初期化が必要です。しかし、今回のようにフレームワークなどによって自動的に初期化される場合に、このルールは不便です。ひとまず`null`を代入しておくという手もありますが、NotNullであるべきプロパティがNullableになってしまい、不要な扱いにくさを招きます。そこで修飾子`lateinit`の登場です。`lateinit`は、「8.3 プロパティ」で解説しているとおり、初期化を後回しにすることができる修飾子です。`lateinit`は、`var`なプロパティにしか適用できないので注意してください。

(2)の部分で、`QiitaClientApp`のプロパティ`AppComponent`のメソッド`inject`を呼び出し、注入を実行しています。

最後に、`QiitaClientApp`を使用するために、マニフェストを編集します（リスト17.7）。

AndroidManifest.xml（一部） ── リスト17.7

```xml
(略)
  <application
      android:name=".QiitaClientApp"
      android:allowBackup="true"
      android:icon="@mipmap/ic_launcher"
      android:label="@string/app_name"
      android:supportsRtl="true"
      android:theme="@style/AppTheme">
(略)
```

それではビルドして実行してみましょう。これまでと同じように動作するはずです。うまくいかない場合は、一度クリーンしてから再ビルドしてみてください。

第17章 3

モックを差し込んでテスト

再びテストの話題に戻ります。Espressoを使用して、クエリ文字列を**EditText**に入力し、検索ボタンをタップするような一連のインタラクションを実行します。その後に、**MainActivity**のプロパティ**articleClient**のメソッド**search**に対して、期待するクエリ文字列を引数として実行したかどうかをテストします。プロパティ**articleClient**にモックを差し込めば、メソッドの呼び出しを観察することができます。

モックのためのライブラリとして、Mockitoを使用することにします。build.gradleに下記の依存関係を追記してください。

```
androidTestCompile 'org.mockito:mockito-core:1.10.19'
androidTestCompile 'com.crittercism.dexmaker:dexmaker-mockito:1.4'
```

そして、テストクラス**MainActivityTest**に、リスト17.8のメソッドを追加します。

MainActivityTest.kt　　　　　　　　　　　　　　　　リスト17.8
```
package sample.qiitaclient

// （ここで必要なインポート文だけ掲載）
import android.support.test.espresso.Espresso.onView
import android.support.test.espresso.action.ViewActions.click
import android.support.test.espresso.action.ViewActions.typeText
import android.support.test.espresso.matcher.ViewMatchers.withId
import org.junit.Test
import org.mockito.Mockito.`when`
import org.mockito.Mockito.mock
import org.mockito.Mockito.verify
import rx.Observable
import sample.qiitaclient.client.ArticleClient
```

```
// (略)

@Test
fun `検索ボタンがタップされたら、入力されたクエリ文字列で記事検索APIを叩くこと`() {
    val articleClient = mock(ArticleClient::class.java).apply {
        `when`(search("user:ngsw_taro")).thenReturn(Observable.just(listOf()))
    }
    activityTestRule.activity.articleClient = articleClient

    onView(withId(R.id.query_edit_text)).perform(typeText("user:ngsw_taro"))
    onView(withId(R.id.search_button)).perform(click())

    verify(articleClient).search("user:ngsw_taro")
}

// (略)
```

　メソッド**mock**により、引数の**ArticleClient::class.java**に対応する型のモックオブジェクトを生成しています。メソッド**when**を呼び出している行は、「**ArticleClient**モックオブジェクトに対して**search("user:ngsw_taro")**が呼び出されたとき、**Observable.just(listOf())**を返す」と読めます。つまり、メソッド**when**とメソッド**thenReturn**によって、モックオブジェクトの振る舞いを設定しているのです。

　ところで、Kotlinにはwhen式という構文があり、**when**は予約語です。しかし、Javaでは**when**は予約語ではなく、識別子として使用することができます。このように、Kotlinでの予約語を識別子として持つJavaコードのアクセスのために、バッククォート（` 記号）で括る記法があります。ここでは`when`のようにして、予約語との衝突を回避しています。また、バッククォートで囲ってしまえば、たいていの文字列を識別子として使用することが、現在できています。これを利用して、テストメソッドなどの名前に句読点や空白文字を含めることができます。

　activityTestRule.activityで、テスト対象のアクティビティを取得しています。さらに、そのアクティビティ（**MainActivity**）のプロパティ**articleClient**に、**ArticleClient**モックオブジェクトをセットしています。

　Espressoの提供するメソッド**perform**で、ビューに対する操作を指定できます。IDが**R.id.query_edit_text**のビューには、**typeText("user:ngsw_taro")**

で、テキストをタイプして入力しています。IDが`R.id.search_button`のビューには、`click()`で、クリック（タップ）をしています。

そして、`ArticleClient`モックオブジェクトに対して、期待するメソッド呼び出しが行われたかを検証しています。ビルドして実行すると、テストが成功するはずです。

最後に、テストクラス`MainActivityTest`の完全なコードを示します（リスト17.9）。

MainActivityTest.kt　　　　　　　　　　　　　　　　　　　　　　　リスト17.9

```kotlin
package sample.qiitaclient

import android.support.test.espresso.Espresso.onView
import android.support.test.espresso.action.ViewActions.click
import android.support.test.espresso.action.ViewActions.typeText
import android.support.test.espresso.assertion.ViewAssertions.matches
import android.support.test.espresso.matcher.ViewMatchers.isDisplayed
import android.support.test.espresso.matcher.ViewMatchers.withId
import android.support.test.rule.ActivityTestRule
import android.support.test.runner.AndroidJUnit4
import android.view.View
import org.hamcrest.Matcher
import org.hamcrest.Matchers.not
import org.junit.Rule
import org.junit.Test
import org.junit.runner.RunWith
import org.mockito.Mockito.`when`
import org.mockito.Mockito.mock
import org.mockito.Mockito.verify
import rx.Observable
import sample.qiitaclient.client.ArticleClient

@RunWith(AndroidJUnit4::class)
class MainActivityTest {

    @JvmField
    @Rule
```

```kotlin
    val activityTestRule = ActivityTestRule(MainActivity::class.java)

    @Test
    fun 各ビューが表示されていること_ただしプログレスバーは非表示() {
        onView(withId(R.id.list_view)).check(matches(isDisplayed()))
        onView(withId(R.id.query_edit_text)).check(matches(isDisplayed()))
        onView(withId(R.id.search_button)).check(matches(isDisplayed()))

        onView(withId(R.id.progress_bar)).check(matches(isNotDisplayed()))
    }

    fun isNotDisplayed(): Matcher<View> = not(isDisplayed())

    @Test
    fun `検索ボタンがタップされたら、入力されたクエリ文字列で記事検索APIを叩くこと`() {
        val articleClient = mock(ArticleClient::class.java).apply {
            `when`(search("user:ngsw_taro")).thenReturn(Observable.just(listOf()))
        }
        activityTestRule.activity.articleClient = articleClient

        onView(withId(R.id.query_edit_text)).perform(typeText("user:ngsw_taro"))
        onView(withId(R.id.search_button)).perform(click())

        verify(articleClient).search("user:ngsw_taro")
    }
}
```

第 17 章　　　　　　　　　　　　Column

Dagger2によるモックの差し込み

　Dagger2を使うのであれば、Dagger2の機能を使用して、モックオブジェクトをインジェクトすると綺麗です。テスト用のモジュールやコンポーネントなどを用意する必要があります。

　また、テストコードでもkaptを使用するための設定も別途必要になります。下記のように、build.graldeの**dependencies**に、**kaptAndroidTest**としてdagger-compilerを指定します。

```
kaptAndroidTest "com.google.
dagger:dagger-compiler:$daggerVersion"
```

　本書巻頭（P.ii）記載のWebサイトで公開しているサンプルコードでは、Dagger2を使用したモックの差し込みを行っているので、参照してください。

第 17 章 ─────── 4

まとめ

　本章では、Qiitaクライアントアプリのテストコードを作成しました。Kotlinから、JUnit、Espressoの基本的な使い方を解説しました。また、Dagger2を導入し、`ArticleClient`の実装と使用側のコードを分離しました。注入されるプロパティに`lateinit`を修飾して、初期化をDagger2に任せました。Mockitoを使って、モックの生成、設定、検証を行いました。バッククォートで囲い、Kotlinの予約語との衝突を防ぐ記法を学びました。

第 18 章 別のアプローチ

本章では別の道具を使って、サンプルアプリを開発する方法を見ていきます。Kotter Knife、Kotlin Android Extensions、Data Binding、Ankoという4つのライブラリおよびツールの使い方を、順に体験します。共通しているのは、レイアウトファイルからコードへの、各ビューのマッピングを楽にしてくれることです。これらのツールのうち、「これが一番便利である」という主張をするつもりはありません。あなたのお気に入りや、各種状況に応じた選択をするとよいでしょう。

第 18 章 – 1

Kotter Knife

Kotter Knife[*1]は、ビューバインディングのためのサードパーティ製ライブラリです。第15章で、拡張関数`bindView`（リスト15.7）を定義したのを覚えているでしょうか？　そのような関数群が詰まった、便利なライブラリです。

使用するには、次の依存関係を`build.gradle`に追記してください。

[*1] https://github.com/JakeWharton/kotterknife

```
compile 'com.jakewharton:kotterknife:0.1.0-SNAPSHOT'
```

また、リポジトリも追加します。

```
repositories {
    mavenCentral()
    maven { url 'https://oss.sonatype.org/content/repositories/snapshots/' }
}
```

この行を追加

例えば、クラス`MainActivity`をKotter Knifeを使用して記述し直すと、リスト18.1のようになります。関数`bindView`を使用すれば、`findViewById`と、目的の型へのキャストの記述をせずに済みます。

Kotter Knifeの使い方 — リスト18.1

```kotlin
package sample.qiitaclient

import butterknife.bindView
(略)

class MainActivity : RxAppCompatActivity() {

    @Inject
    lateinit var articleClient: ArticleClient

    val listView: ListView by bindView(R.id.list_view)

    val progressBar: ProgressBar by bindView(R.id.progress_bar)

    val searchButton: Button by bindView(R.id.search_button)

    val queryEditText: EditText by bindView(R.id.query_edit_text)

    override fun onCreate(savedInstanceState: Bundle?) {
        super.onCreate(savedInstanceState)
        (application as QiitaClientApp).component.inject(this)
        setContentView(R.layout.activity_main)

        val listAdapter = ArticleListAdapter(applicationContext)
```

1 Kotter Knife

```
        listView.adapter = listAdapter
        listView.setOnItemClickListener { adapterView, view, position, id ->
            val intent = ArticleActivity.intent(this, listAdapter.articles[position])
            startActivity(intent)
        }

        searchButton.setOnClickListener {
            (略)
        }
    }
}
```

第18章 Kotlin Android Extensions

Kotter Knifeを導入すると、IDを委譲プロパティに記述していく作業が必須になります。また、プロパティもプログラマが自分で記述していくことになります。このような作業から解放してくれるツールが、Kotlin Android Extensionsです。これはJetBrainsにより開発されています。

今回のサンプルアプリのように、Gradleを使用している場合、Kotlin Android Extensionsの導入は簡単です。下記のように、使用するプラグインをbuild.gradleに追記するだけです。

```
apply plugin: 'com.android.application'
apply plugin: 'kotlin-android'
apply plugin: 'kotlin-android-extensions'    ——ここを追加
```

クラス**ArticleView**の例を示します（リスト18.2）。

Kotlin Android Extensionsの使い方 リスト18.2

```
package sample.qiitaclient.view

import android.content.Context
import android.util.AttributeSet
import android.view.LayoutInflater
import android.widget.FrameLayout
import kotlinx.android.synthetic.main.view_article.view.profile_image_view
import kotlinx.android.synthetic.main.view_article.view.title_text_view
import kotlinx.android.synthetic.main.view_article.view.user_name_text_view
import com.bumptech.glide.Glide
import sample.qiitaclient.R
import sample.qiitaclient.model.Article

class ArticleView : FrameLayout {
```

```
    constructor(context: Context?) : super(context)

    constructor(context: Context?,
                attrs: AttributeSet?) : super(context, attrs)

    constructor(context: Context?,
                attrs: AttributeSet?,
                defStyleAttr: Int) : super(context, attrs, defStyleAttr)

    constructor(context: Context?,
                attrs: AttributeSet?,
                defStyleAttr: Int,
                defStyleRes: Int) : super(context, attrs, defStyleAttr, defStyleRes)

    init {
        LayoutInflater.from(context).inflate(R.layout.view_article, this)
    }

    fun setArticle(article: Article) {
        title_text_view.text = article.title
        user_name_text_view.text = article.user.name
        Glide.with(context).load(article.user.profileImageUrl).into(profileImageView)
    }
}
```

title_text_viewやuser_name_text_viewといったビューオブジェクトを、レイアウトファイルとバインドしているコードが見当たりません。すべてKotlin Android Extensionsがやってくれているのです。

Kotlin Android Extensionsは、レイアウトファイル上でIDが振られているビューを拾って、ビューオブジェクトを準備してくれます。そのビューオブジェクトは、例えばkotlinx.android.synthetic.main.<レイアウト>.viewというオブジェクトのプロパティとして提供されます。プロパティの名前は、IDと同じになります。そのため、タイトルのTextViewオブジェクトは、kotlinx.android.synthetic.main.view_article.view.title_text_viewという名前でアクセスすることができます（リスト18.2では、インポートしています）。

3 Data Binding

　Data Bindingは、Googleの公式ツールであり、レイアウトとコードの間におけるデータのバインディングを行ってくれます。詳細については公式ドキュメント[*2]を参照してください。Data BindingはJava用に開発されていますが、本節ではKotlinでの使用法に焦点を当てて解説します。

　使用するには、まず、build.gradleの**android**ブロック内に、Data Bindingを有効にするための記述をします。

```
android {
  (略)
  dataBinding {
    enabled = true
  }
}
```

　そして、Kotlinで使う場合には、build.gradleに下記の依存関係を追加してください。

```
kapt 'com.android.databinding:compiler:2.1.2'
// Dagger 2.4と併用する場合に必要
kapt 'com.google.guava:guava:19.0'
```

　これでData Bindingを使用する準備が整いました。早速、クラス**ArticleView**に適用してみましょう。まずはレイアウトファイルを修正します（リスト18.3）。

view_article.xml　　　　　　　　　　　　　　　　　　　　　　　　　　　　リスト18.3

```xml
<?xml version="1.0" encoding="utf-8"?>
<layout xmlns:android="http://schemas.android.com/apk/res/android"
        xmlns:bind="http://schemas.android.com/apk/res-auto"
        xmlns:tools="http://schemas.android.com/tools">
```

[*2] http://developer.android.com/intl/ja/tools/data-binding/guide.html

3 Data Binding

```xml
<data>
    <variable
        name="article"
        type="sample.qiitaclient.model.Article"/>
</data>

<RelativeLayout
    android:layout_width="match_parent"
    android:layout_height="wrap_content"
    android:orientation="vertical"
    android:padding="16dp">

    <ImageView
        android:id="@+id/profile_image_view"
        android:layout_width="60dp"
        android:layout_height="60dp"
        android:layout_centerVertical="true"
        bind:imageUrl="@{article.user.profileImageUrl}"
        tools:background="#f00"/>

    <TextView
        android:id="@+id/title_text_view"
        android:layout_width="wrap_content"
        android:layout_height="wrap_content"
        android:layout_marginStart="16dp"
        android:layout_toEndOf="@id/profile_image_view"
        android:ellipsize="end"
        android:maxLines="2"
        android:text="@{article.title}"
        android:textColor="@android:color/black"
        android:textSize="18sp"
        tools:text="記事のタイトル"/>

    <TextView
        android:id="@+id/user_name_text_view"
        android:layout_width="wrap_content"
        android:layout_height="wrap_content"
        android:layout_alignStart="@id/title_text_view"
        android:layout_below="@id/title_text_view"
```

```
            android:layout_marginTop="8dp"
            android:text="@{article.user.name}"
            android:textColor="@android:color/black"
            android:textSize="14sp"
            tools:text="ユーザの名前"/>
    </RelativeLayout>
</layout>
```

バインドする変数として`article`を宣言しています。タイトルを表示する`TextView`には、`android:text="@{article.title}"`として、記事オブジェクトのプロパティ`title`を指定します。実際には、メソッド`getTitle`に対応するのですが、実質的にKotlinにおけるプロパティアクセスに見えるので、気にしなくてよいでしょう。ユーザ名を表示する`TextView`にも同様に、`android:text="@{article.user.name}"`として、記事オブジェクトのプロパティ`user`の、プロパティ`name`を指定します。

プロフィール画像を表示する`ImageView`には、`bind:imageUrl="@{article.user.profileImageUrl}"`を指定します。独自定義の関数に、ユーザのプロフィール画像のURLを渡しています。その独自定義の関数は、リスト18.4のようになります。extensions.ktに定義するとよいでしょう。

URLから画像をロードする関数 — リスト18.4

```
@BindingAdapter("bind:imageUrl")
fun ImageView.loadImage(url: String) {
    Glide.with(context).load(url).into(this)
}
```

`@BindAdapter`が付いた関数は、Javaでいう`static`メソッドである必要があります。また、第1引数に対応するビューを取る必要があります（ここでは`ImageView`）。拡張関数はコンパイルすると、レシーバを第1引数として取るメソッドになることを利用しています。パッケージレベルで定義された関数は、アノテーション`@JvmStatic`がなくても、`static`メソッドとしてコンパイルされるという性質も利用しています。

Data Bindingのために仕込んだレイアウトファイルと、拡張関数`loadImage`により、クラス`ArticleView`はリスト18.5のように記述量がぐっと減ります。`ViewArticleBinding`が見えない場合は、クリーンしてからビルドしてみてください。

ArticleView.kt リスト18.5

```kotlin
package sample.qiitaclient.view

import android.content.Context
import android.databinding.BindingMethod
import android.databinding.BindingMethods
import android.databinding.DataBindingUtil
import android.util.AttributeSet
import android.view.LayoutInflater
import android.widget.FrameLayout
import sample.qiitaclient.R
import sample.qiitaclient.databinding.ViewArticleBinding
import sample.qiitaclient.model.Article

class ArticleView : FrameLayout {

    constructor(context: Context?) : super(context)

    constructor(context: Context?,
                attrs: AttributeSet?) : super(context, attrs)

    constructor(context: Context?,
                attrs: AttributeSet?,
                defStyleAttr: Int) : super(context, attrs, defStyleAttr)

    constructor(context: Context?,
                attrs: AttributeSet?,
                defStyleAttr: Int,
                defStyleRes: Int) : super(context, attrs, defStyleAttr, defStyleRes)

    val binding: ViewArticleBinding

    init {
            binding = DataBindingUtil.inflate(LayoutInflater.from(context), R.layout.view_article, this, true)
    }

    fun setArticle(article: Article) {
        binding.article = article
    }
}
```

次に、クラス**ArticleActivity**にもData Bindingを適用してみます。レイアウトファイルは、リスト18.6のとおりです。

```xml
activity_article.xml                                           リスト18.6
<?xml version="1.0" encoding="utf-8"?>
<layout xmlns:android="http://schemas.android.com/apk/res/android"
        xmlns:bind="http://schemas.android.com/apk/res-auto">

    <data>
        <variable
            name="article"
            type="sample.qiitaclient.model.Article"/>
    </data>

    <LinearLayout
        android:layout_width="match_parent"
        android:layout_height="match_parent"
        android:orientation="vertical">

        <sample.qiitaclient.view.ArticleView
            android:layout_width="match_parent"
            android:layout_height="wrap_content"
            bind:article="@{article}"/>

        <WebView
            android:layout_width="match_parent"
            android:layout_height="wrap_content"
            bind:loadUrl="@{article.url}"/>
    </LinearLayout>
</layout>
```

WebViewの**bind:loadUrl="@{article.url}"**は、先ほどの**bind:imageUrl**と同じように、独自関数とします。その実装をリスト18.7に示します。

```kotlin
指定のURLをロードする拡張関数                                    リスト18.7
@BindingAdapter("bind:loadUrl")
fun WebView.loadUrl(url: String) {
    loadUrl(url)
}
```

拡張関数`loadUrl`の中で、`loadUrl`を呼び出している部分が、再帰呼び出しのように見え、(スタックオーバフローが起こるまで) 延々とループを続けると思われるかもしれません。実は、同じ引数を取り、同じ名前の拡張関数とメソッドがあるとき、拡張関数は呼び出されず、常にメソッドが優先されるというルールがあります。ここで定義した拡張関数`loadUrl`の中では、`WebView`のメソッド`loadUrl`が呼び出されます。

`ArticleView`は、`bind:article="@{article}"`により、記事オブジェクトを指定しています。`bind:article`に、クラス`ArticleView`のメソッド`setArticle`を対応させるために、アノテーション`@BindingMethods`と`BindingMethod`を使用します (リスト18.8)。

ArticleView.kt / リスト18.8

```kotlin
@BindingMethods(BindingMethod(type = Article::class,
        attribute = "bind:article",
        method = "setArticle"))
class ArticleView : FrameLayout {
    (略)

    fun setArticle(article: Article) {
        binding.article = article
    }
}
```

Kotlinでは、アノテーションの中にアノテーションを指定する場合、内側のアノテーションに`@`記号を付けないことに注意してください。

第18章

Anko

最後に紹介するのは、Ankoというライブラリです[*3]。Ankoは、レイアウトを構築するためのDSL（Domain Specific Language、ドメイン特化言語）セットを中心としたAndroidライブラリであり、JetBrainsにより開発されています。Kotlinコードでレイアウトを構築していく点が、ここまで紹介したライブラリと異なります。

使用するには、下記のような依存関係を build.gradle に追加します。

```
compile 'org.jetbrains.anko:anko-sdk21:0.8.3'
```

たったこれだけで、使い始めることができます。ただ、従来どおりのXMLによるレイアウトファイルを作成するのとは異なり、コードでレイアウトを構築するので、専用のレイアウトプレビュー画面があると便利です。Android Studioのプラグインとして提供されている「Anko DSL Preview」をインストールすると、プレビューを表示することができます。

Ankoを使用して、クラス MainActivity を記述し直してみましょう。まず、パッケージ sample.qiitaclient にクラス MainActivityUI を作成し、リスト18.9の内容を記述します。

MainActivityUI.kt　　　　　　　　　　　　　　　　　　　　　リスト18.9
```
package sample.qiitaclient

import android.view.Gravity
import android.view.View
import android.widget.Button
import android.widget.EditText
import android.widget.ListView
import android.widget.ProgressBar
```

[*3] https://github.com/Kotlin/anko

```
import org.jetbrains.anko.AnkoComponent
import org.jetbrains.anko.AnkoContext
import org.jetbrains.anko.button
import org.jetbrains.anko.editText
import org.jetbrains.anko.frameLayout
import org.jetbrains.anko.gravity
import org.jetbrains.anko.linearLayout
import org.jetbrains.anko.listView
import org.jetbrains.anko.matchParent
import org.jetbrains.anko.progressBar
import org.jetbrains.anko.verticalLayout
import kotlin.properties.Delegates

class MainActivityUI : AnkoComponent<MainActivity> {

    var listView: ListView by Delegates.notNull()
        private set

    var progressBar: ProgressBar by Delegates.notNull()
        private set

    var searchButton: Button by Delegates.notNull()
        private set

    var queryEditText: EditText by Delegates.notNull()
        private set

    override fun createView(ui: AnkoContext<MainActivity>): View = ui.run {
        verticalLayout {
            frameLayout {
                listView = listView().lparams(matchParent, matchParent)
                progressBar = progressBar {
                    gravity = Gravity.CENTER
                    visibility = View.GONE
                }
            }.lparams(width = matchParent, height = 0, weight = 1f)

            linearLayout {
                queryEditText = editText().lparams(width = 0, weight = 1f)
                searchButton = button("検索")
```

```
        }.lparams(width = matchParent) {
            gravity = Gravity.BOTTOM
        }
    }
  }
}
```

クラス**MainActivityUI**は、インタフェース**AnkoComponent**を実装します。メソッド**createView**の中で、Ankoの提供するDSLでレイアウトを構築しています。ラムダ式の入れ子関係が、そのままレイアウトの階層関係と対応します。例えば**verticalLayout**の子に**frameLayout**があり、さらにその子として**listView**があります。

ビューオブジェクトを、プロパティとして持つようにしています。例えばプロパティ**listView**です。Kotlinの標準ライブラリの提供する委譲プロパティとなるオブジェクトを生成する関数**Delegates.notNull**は、プロパティをNotNullとして宣言することができます。また、各プロパティを**var**により変更可能としていますが、**private set**と記述することで、外部からのセットを禁止しています。

ここで記述したレイアウトDSLの結果を「Anko DSL Preview」でプレビューした結果は、図18.1のようになります。

図18.1

レイアウトDSLのプレビュー

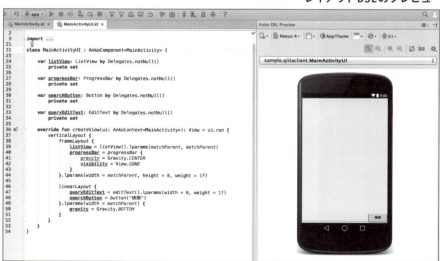

さて、`MainActivityUI`を作成したので、もはやactivity_main.xmlは不要です。削除してもかまいません。次に、クラス`MainActivity`で`MainActivityUI`を使うように変更します。少し長いですが、リスト18.10は、完全なコードです。

MainActivity.kt　　　　　　　　　　　　　　　　　　　　　　　　　　リスト18.10
```kotlin
package sample.qiitaclient

import android.os.Bundle
import android.view.View
import com.trello.rxlifecycle.components.support.RxAppCompatActivity
import com.trello.rxlifecycle.kotlin.bindToLifecycle
import org.jetbrains.anko.onClick
import org.jetbrains.anko.onItemClick
import org.jetbrains.anko.setContentView
import rx.android.schedulers.AndroidSchedulers
import rx.schedulers.Schedulers
import sample.qiitaclient.client.ArticleClient
import javax.inject.Inject

class MainActivity : RxAppCompatActivity() {

    @Inject
    lateinit var articleClient: ArticleClient

    val ui: MainActivityUI by lazy {
        MainActivityUI().apply { setContentView(this@MainActivity) }
    }

    override fun onCreate(savedInstanceState: Bundle?) {
        super.onCreate(savedInstanceState)
        (application as QiitaClientApp).component.inject(this)

        val listAdapter = ArticleListAdapter(applicationContext)
        ui.listView.adapter = listAdapter
        ui.listView.onItemClick { adapterView, view, position, id ->
            val intent = ArticleActivity.intent(this, listAdapter.articles[position])
            startActivity(intent)
        }
        ui.searchButton.onClick {
            ui.progressBar.visibility = View.VISIBLE
```

```
                articleClient.search(ui.queryEditText.text.toString())
                        .subscribeOn(Schedulers.io())
                        .observeOn(AndroidSchedulers.mainThread())
                        .doAfterTerminate {
                            ui.progressBar.visibility = View.GONE
                        }
                        .bindToLifecycle(this)
                        .subscribe({
                            ui.queryEditText.text.clear()
                            listAdapter.articles = it
                            listAdapter.notifyDataSetChanged()
                        }, {
                            toast("エラー : $it")
                        })
            }
        }
    }
```

　クラス**MainActivityUI**のオブジェクトを生成し、メソッド**setContentView**の引数にアクティビティ自身を渡すことで、DSLで構築したレイアウトを使用することができきます。生成した**MainActivityUI**オブジェクトの各プロパティを介して、ビューを操作しているのが、メソッド**onCreate**内の記述です。ビルドして実行すれば、今までと同じように動作します。

第18章
5 まとめ

　本章では、4つのAndroid用ライブラリをKotlinから使用しました。Kotter Knifeは、委譲プロパティにより、レイアウトファイルからコードへのビューのバインディングをすることができました。

　Kotlin Android Extensionsは、ビューのバインディング作業をさらに簡単にします。レイアウトファイルに記述したIDを持つビューオブジェクトのプロパティを自動生成し、すぐに使い始めることができます。

　Data Bindingは、Javaでの使用を想定したデータバインディングのためのツール、ライブラリです。JavaとKotlinの相互運用の方法を意識さえすれば、Kotlinからでも問題なく使用できることを確認しました。

　最後に紹介したAnkoは、レイアウトを構築するためのKotlin DSLです。Ankoを使用すれば、XMLでレイアウトを記述する必要がなくなります。また、「Anko DSL Preview」プラグインを使用することで、DSLで構築したレイアウトのプレビューを確認することができます。

Appendix

Appendix

補促
Hint & Tips

補促 Hint & Tips

補促 1

リフレクション

Javaと同じように、Kotlinでもリフレクションを使うことができます。リフレクションとは、実行時に動いているプログラムの構造などの情報を取得したり変更したりする仕組みや機能を指します。

Kotlinでリフレクション機能を使用するには、kotlin-reflect.jarという別のライブラリが必要になります。これは、リフレクション機能を使用しない場合のアプリケーションバイナリのファイルサイズを小さく抑えるためです。kotlin-reflect.jarを取り込むために、Gradleを使用している場合は、下記のような依存関係をbuild.gradleに追記します。

```
compile 'org.jetbrains.kotlin:kotlin-reflect:1.0.2'
```

単純なリフレクションは、本書では既に体験済みです。例えば、関数オブジェクトの取得がそうです（第6章参照）。「ある関数 foo は、::foo により、その関数オブジェク

補足

トを取得できる」と説明しましたが、リフレクション機能のひとつと言えます。第13章では、あるクラス`Bar`の`fun execute(): Unit`のようなメソッドの、関数オブジェクトを`Bar::execute`で取得することができ、その型は`Bar.()->Unit`であることを紹介しました。

関数やメソッドと同じように、プロパティへの参照も取得することができます。パッケージレベルのプロパティへの参照をリストA.1に、メンバとしてのプロパティへの参照をリストA.2に示します。

パッケージレベルのプロパティ参照 — リストA.1

```kotlin
import kotlin.reflect.KMutableProperty0

var count: Int = 0

fun main(args: Array<String>) {
  val countRef: KMutableProperty0<Int> = ::count
  println(countRef.name)       // 「count」を出力
  println(countRef.returnType) // 「kotlin.Int」を出力

  countRef.set(5)
  println(countRef.get())      // 「5」を出力
}
```

メンバとしてのプロパティ参照 — リストA.2

```kotlin
import kotlin.reflect.KProperty1

fun main(args: Array<String>) {
    val strlen: KProperty1<String, Int> = String::length
    println(strlen.name)            // 「length」を出力
    println(strlen.get("Kotlin"))   // 「6」を出力
    println(strlen("Kotlin"))       // 「6」を出力
}
```

それから、クラス自身への参照である、クラス`KClass`の取得についても、第15章で触れました。クラス`kotlin.String`の`KClass`オブジェクト、すなわち`KClass<String>`オブジェクトを得るには、`String::class`と記述するのでした。`KClass`を使用すると、対応するクラスの様々な情報にアクセスできます。例えば、プロパティ`simpleName`ではクラスの単純名、プロパティ`qualifiedName`ではクラスの完全修飾名を取得することができます。

1 リフレクション

リストA.3　KClassの使用例

```kotlin
package sample

import kotlin.reflect.KClass
import kotlin.reflect.functions
import kotlin.reflect.memberProperties

data class User(val id: Long,
                val name: String)

fun main(args: Array<String>) {
  val userClass: KClass<User> = User::class
  println("単純名: ${userClass.simpleName}")
  println("完全修飾名: ${userClass.qualifiedName}")

  println()
  println("プロパティ一覧")
  val properties = userClass.memberProperties
  properties.forEach { prop ->
    println(prop.name)
  }

  println()
  println("メソッド一覧")
  val functions = userClass.functions
  functions.forEach { func ->
    println(func.name)
  }
}
```

リストA.3をコンパイルし、実行して得られた出力結果は、次のようになります。

```
単純名: User
完全修飾名: sample.User

プロパティ一覧
id
name

メソッド一覧
component1
component2
copy
equals
hashCode
toString
```

関数のように、コンストラクタへの参照を扱うこともできます（リストA.4）。

コンストラクタへの参照　　　　　　　　　　　　　　　　　　　　　リストA.4
```
data class User(val id: Long,
                val name: String)

fun <A, B, C> Pair<A, B>.convert(f: (A, B) -> C): C =
    f(first, second)

fun main(args: Array<String>) {
  val user = Pair(123L, "たろう").convert(::User)
  println(user) // 「User(id=123, name=たろう)」を出力
}
```

補足

2 演算子オーバロード

第13章で解説したように、Kotlinでは演算子オーバロードをサポートしています。演算子と、規定のシグネチャを持ったメソッド（あるいは拡張関数）が対応します。対応表を表A.1に示します。

表A.1 演算子オーバロード 対応表

演算子を使用した式	メソッド呼び出し
+a	a.unaryPlus()
-a	a.unaryMinus()
!a	a.not()
a++	a.inc()
a--	a.dec()
a + b	a.plus(b)
a - b	a.minus(b)
a * b	a.times(b)
a / b	a.div(b)
a % b	a.mod(b)
a..b	a.rangeTo(b)
a in b	b.contains(a)
a !in b	!b.contains(a)
a[i]	a.get(i)
a[i, j]	a.get(i, j)
a[i_1, ..., i_n]	a.get(i_1, ..., i_n)
a[i] = b	a.set(i, b)
a[i, j] = b	a.set(i, j, b)
a[i_1, ..., i_n] = b	a.set(i_1, ..., i_n, b)
a()	a.invoke()

補足

❷ 演算子オーバロード

演算子を使用した式	メソッド呼び出し
a(i)	a.invoke(i)
a(i, j)	a.invoke(i, j)
a(i_1, ..., i_n)	a.invoke(i_1, ..., i_n)
a += b	a.plusAssign(b)
a -= b	a.minusAssign(b)
a *= b	a.timesAssign(b)
a /= b	a.divAssign(b)
a %= b	a.modAssign(b)
a == b	a?.equals(b) ?: b === null
a != b	!(a?.equals(b) ?: b === null)
a > b	a.compareTo(b) > 0
a < b	a.compareTo(b) < 0
a >= b	a.compareTo(b) >= 0
a <= b	a.compareTo(b) <= 0

- **a++**、**a--**は、レシーバとなるオブジェクトを変更してはいけません。
- **a++**は、`a = a.inc()`を実行する前の**a**を返します。
- **++a**は、`a = a.inc()`を実行した後の**a**を返します。
- **plusAssign**と**plus**が同時に見えているとき、**+=**は使用できません（曖昧なため）。
- **plusAssign**は、**Unit**を返します。つまり、レシーバとなるオブジェクトを変更する場合に使用します。
- **plusAssign**がスコープにない場合、`a += b`を`a = a + b`として実行を試みます。
- **===**、**!==**はオーバロードすることができません。
- **compareTo**は、**Int**を返す必要があります。
- 詳細はhttps://kotlinlang.org/docs/reference/operator-overloading.htmlを参照してください。

補促

Javaとの相互運用性

3.1 KotlinからJavaコードを呼び出す

多くの場合、KotlinからJavaコードは自然に呼び出すことができます。ここでは、いくつかの特別な場合について解説します。網羅することを目指してはいませんので、詳細については公式ドキュメント[*1]を参照してください。

Javaコードが提供するゲッターやセッターに対し、Kotlinからはプロパティのような記法でアクセスすることができます。

```
>>> val button = javax.swing.JButton()
>>> button.label = "Click me"
>>> button.label
Click me
```

プロパティのように扱っている **label** は、Javaコード上では **setLabel** と **getLabel** というメソッドとして存在しています。

ゲッターのみが提供されている場合も、同様にプロパティのような記法を使うことができます。

```
>>> val file = java.io.File("hoge.txt")
>>> file.name
hoge.txt
```

プロパティのように扱っている **name** は、**File** オブジェクトのメソッド **getName** に対応します。

Javaのメソッドは、返り値の型として **void** を指定することで、何も返さないことを

[*1] https://kotlinlang.org/docs/reference/java-interop.html

> 補促

表現します。Kotlinでは、このようなJavaのメソッドを呼び出したとき、**Unit**が返されます。いかなるJavaのメソッドも値を返すようになるので、Kotlinの関数やラムダ式との相性がよくなります。

```
>>> val result: Unit = button.doClick()
>>> result
kotlin.Unit
>>> fun click() {
...     button.doClick()
... }
```

　Javaのプリミティブ型は、それぞれ対応するKotlinの型にみなされます。**int**は**kotlin.Int**、**boolean**は**kotlin.Boolean**といった具合です。
　それら以外のいくつかの型も、Kotlinの型になります。例えば、**java.lang.Object**は**kotlin.Any**、**java.lang.String**は**kotlin.String**に対応します。**int[]**は**kotlin.IntArray**になります。
　Javaでは識別子として使える文字列の中には、Kotlinでは予約されており使用できないものがあります。例えば**is**や**when**、**out**などです。そのような場合は、「`」記号で囲うことでエスケープすることができます。

```
>>> val inputStream = System.in
error: expecting an element
val inputStream = System.in
                         ^

>>> val inputStream = System.`in`
```

　第12章で解説したKotlinのNull安全は、Javaコードを呼び出した場合、どのようになるのでしょうか。基本的にJavaコードの呼び出し結果として返される値は、**null**となる可能性があります。しかし、2つだけ例外があります。コンストラクタの呼び出しと、型がJavaでいうプリミティブ型であるメソッドなどです。これらは、常にNotNullとしてKotlinからは見えます。

では、それ以外の、**null**の可能性のある型は、どのような扱いになるのでしょうか。単にNullableとなるわけではありません。**Platform Type**と呼ばれる、NotNullまたはNullableのような型になります。コードでは表現できませんが、便宜上「**型!**」のような記法が用意されています（**Int**や**Int?**に対して**Int!**という具合です）。直感的に言えば、**null**を代入可能なNotNullです。

```
>>> val root = java.io.File("/")
>>> val parent = root.parentFile
>>> parent
null
>>> parent.name
java.lang.NullPointerException
```

root.parentFileは、**null**を返す、Javaコードの呼び出しです。返された値（**null**）を、変数**parent**に代入しています。ここではあえて、**parent**の型を省略しています。そして、**parent.name**を実行したときに例外**NullPointerException**がスローされます。

次に、変数**parent**の型を**File?**と明示して、同じコードを試してみます。

```
>>> val parent: java.io.File? = root.parentFile
>>> parent
null
>>> parent.name
error: only safe (?.) or non-null asserted (!!.) calls are allowed on a nullable re
ceiver of type java.io.File?
parent.name
       ^
```

今度はコンパイルに失敗しました。変数**parent**はNullableなので、そのままオブジェクトのメンバにはアクセスできないのでした。

さて、変数**parent**の型を**File**に変更してみたら、**null**の代入は成功するのでしょうか？　答えは、「コンパイルは成功するが、実行時に例外をスローする」です。試してみましょう（リストA.5）。REPLでは挙動が異なるので、通常のコンパイラまたはIntelliJ IDEAを使用します。

> **補足**

リスト A.5 Platform Type の null を NotNull 変数に代入

```
fun main(args: Array<String>) {
  val parent: java.io.File = java.io.File("/").parentFile
  parent.name
}
```

2行目で、例外をスローします。

```
Exception in thread "main" java.lang.IllegalStateException: java.io.File("/").paren
tFile must not be null
  at HelloWorldKt.main(HelloWorld.kt:2)
  at sun.reflect.NativeMethodAccessorImpl.invoke0(Native Method)
  at sun.reflect.NativeMethodAccessorImpl.invoke(NativeMethodAccessorImpl.java:62)
  at sun.reflect.DelegatingMethodAccessorImpl.invoke(DelegatingMethodAccessorImpl.
java:43)
  at java.lang.reflect.Method.invoke(Method.java:497)
  at com.intellij.rt.execution.application.AppMain.main(AppMain.java:144)
```

最初のようにNPEがスローされるよりもマシな結果です。オブジェクトのメンバアクセスのタイミングではなく、変数 **parent** への代入のタイミングで異常を知らせてくれるからです。

ここまでをまとめると、表A.2のようになります。

表A.2 Platform Type

変数の型	Java コードから代入される値	結果
String	"hoge"	NotNullとして問題なく使用できる
String	null	IllegalStateExceptionがスローされる
String?	"hoge"	Nullableとして問題なく使用できる
String?	null	Nullableとして問題なく使用できる
省略 (String!)	"hoge"	NotNullとして問題なく使用できる
省略 (String!)	null	デリファレンスでNPEがスローされる

Null安全の観点から、Platform Typeは厄介な存在です。とはいえ、Javaのメソッドの返り値がすべてNullableとなってしまうのも、面倒なのは確かです。現実との折り合いをつけた結果が、Platform Typeの導入なのかもしれません。

JavaコードにJSR-305や、Androidのsupport-annotationsなどの**@Nonnull**、**@Nullable**といったアノテーションが付いている場合、Kotlinからは、そのアノテーションのとおりにNotNullあるいはNullableのように型が決まり、Platform Typeにはなりません。

3.2 JavaからKotlinコードを呼び出す

JavaからKotlinコードを呼び出す方法を解説します。Kotlinで記述されたライブラリをJavaから使用するような場面はあまり想像できませんが、Javaで記述されたフレームワークがKotlinコードを呼び出す場面はよくあるので、参考にしてください。詳しい解説については、公式ドキュメント[2]を参照してください。

パッケージレベルで定義された関数やプロパティは、Kotlinからは何のクラスにも属していないように見えますが、Javaからはクラスに属しているように見えます。クラス名は、デフォルトで「ファイル名 + Kt」となります。

今、リストA.6のようなコードが記述されたKotlinソースファイル「Greeter.kt」があるとします。パッケージレベルにプロパティ**message**と関数**greet**を定義しました。これらを呼び出しているJavaのコードがリストA.7です。関数**greet**が、クラス**GreeterKt**の**static**メソッドとして見えています。ちなみにプロパティは、Javaからはゲッター、セッターに見えます。

Greeter.kt リストA.6
```kotlin
package sample.kotlin

var message: String = "Hello"

fun greet() {
  println(message)
}
```

---

[2] https://kotlinlang.org/docs/reference/java-to-kotlin-interop.html

補促

```
// Javaコード
package sample.java;

public class Java {
  public static void main(String[] args) {
    sample.kotlin.GreeterKt.setMessage("こんにちは");
    sample.kotlin.GreeterKt.greet(); // 「こんにちは」を出力
  }
}
```
パッケージレベル関数をJavaから使う　リストA.7

Kotlinソースファイルの先頭にアノテーション`@file:JvmName`を指定することで、生成されるクラス名を自分で決めることができます。リストA.8は、ソースファイル名に関わらず`MyClass`という名前のクラスとなります。

```kotlin
@file:JvmName("MyClass")
package sample.kotlin

var message: String = "Hello"

fun greet() {
  println(message)
}
```
Greeter.kt　リストA.8

コンパニオンオブジェクトのメンバは、Javaからはどのように見えるのでしょうか。リストA.9のクラス`Id`は、関数`of`が定義されたコンパニオンオブジェクトを持っています。Kotlinからは`Id.of("ABC")`のように呼び出すことができます。

```kotlin
data class Id(val value: String) {
  companion object {
    fun of(value: String): Id = Id(value)
  }
}
```
コンパニオンオブジェクトを持ったクラス　リストA.9

一方Javaからは、（この場合は）`Companion`という名前のオブジェクトを、クラス`Id`の`static`フィールドとしてアクセスし、メソッド`of`を呼び出しています（リストA.10）。

Javaからのコンパニオンオブジェクトのメンバアクセス 〔リストA.10〕

```java
// Javaコード
public class Java {
  public static void main(String[] args) {
    Id id = Id.Companion.of("ABC");
    System.out.println(id);
  }
}
```

　これは少し不格好に見えます。見た目の問題ならまだしも、クラスが**static**メソッドを持つことを期待するフレームワークも少なくありません。

　コンパニオンオブジェクトの関数**of**を、クラス**Id**の**static**メソッドにするには、アノテーション**@JvmStatic**を使用します。リストA.11のように修正すれば、Javaから**Id.of("ABC")**のような呼び出し方ができるようになります。

@JvmStaticでstaticメソッドに 〔リストA.11〕

```kotlin
data class Id(val value: String) {
  companion object {
    @JvmStatic
    fun of(value: String): Id = Id(value)
  }
}
```

　デフォルト引数の恩恵を、Java側でも享受するには、アノテーション**@JvmOverloads**を関数やコンストラクタに付けます。

@JvmOverloadsをコンストラクタに使用 〔リストA.12〕

```kotlin
data class User @JvmOverloads constructor(val id: Id,
                                          val name: String? = null,
                                          val limited: Boolean = false)
```

　リストA.12のように、コンストラクタにアノテーション**@JvmOverloads**を付けると、デフォルト引数を設定している引数が省略されたバージョンのコンストラクタが生成されます。Javaからは次のようなコンストラクタ呼び出しが可能になります。

- `new User(id);`
- `new User(id, name);`
- `new User(id, name, limited);`

Kotlinでは、すべての例外を非チェック例外として扱うため、Javaのメソッドのように、例外のスロー宣言はありません。しかし、例外のスロー宣言がないと、Javaではtry-catch構文が使用できません（正確には、捕捉できる例外の型に制限があります）。関数にアノテーション`@Throws`を付けることで、Javaからは例外のスロー宣言があるように見えます。例えば、`@Throws(IOException::class) fun writeFile() {...}`のように、例外クラスを指定します。

補促

訳語原語対応表

本書で扱ったキーワードの訳語と原語の対応を表A.3にまとめます。Kotlin固有の言葉など、あまり一般的でない言葉を中心にまとめています。

用語は、Kotlin公式ドキュメントに掲載されているものを極力使用するように留意しました。

表A.3 訳語原語対応

訳語	原語
Stringテンプレート	String template
高階関数	higher-order function
ラムダ式	lambda expression
クロージャ	closure
インライン関数	inline function
非ローカルリターン	non-local return
ラベルへのリターン	return at label
無名関数、匿名関数	anonymous function
関数リテラル	function literal
オブジェクト式	object expression
プロパティ	property
バッキングフィールド	backing field
カスタムゲッター	custom getter
カスタムセッター	custom setter
プライマリコンストラクタ	primary constructor
セカンダリコンストラクタ	secondary constructor
イニシャライザ	initializer
拡張関数	extension function
エクステンション	extension

訳語	原語
可視性修飾子	visibility modifier
委譲	delegation
クラスデリゲーション	class delegation
型パラメータ	type parameter
型引数	type arguments
変位	variance
不変	invariant
型投影	type projection
共変	covariant
反変	contravariant
宣言場所変位指定	declaration-site variance
スター投影	star-projection
具象型	reified type
Null安全	null-safety
スマートキャスト	smart cast
安全呼び出し	safe call
安全キャスト	safe cast
中置呼び出し	infix call
分解宣言	destructuring declaration
データクラス	data class
オブジェクト宣言	object declaration
シールドクラス	sealed class
委譲プロパティ	delegated property

補促

5 参考文献、URL

本書の内容を、より深く理解するために役立つ文献には、次のようなものがあります。

- Joshua Bloch（2014）『Effective Java 第2版』柴田 芳樹（翻訳）、丸善出版
- Martin Odersky・Lex Spoon・Bill Venners（2011）『Scalaスケーラブルプログラミング第2版』羽生田 栄一（監修）・水島 宏太（寄稿）・長尾 高弘（翻訳）、インプレスジャパン
- JetBrains: Development Tools for Professionals and Teams https://www.jetbrains.com/
- IntelliJ IDEA the Java IDE https://www.jetbrains.com/idea/
- Kotlin Programming Language https://kotlinlang.org/
- Operator overloading - Kotlin Programming Language https://kotlinlang.org/docs/reference/operator-overloading.html
- Calling Java from Kotlin - Kotlin Programming Language https://kotlinlang.org/docs/reference/java-interop.html
- Calling Kotlin from Java - Kotlin Programming Language https://kotlinlang.org/docs/reference/java-to-kotlin-interop.html
- Working with the Command Line Compiler - Kotlin Programming Language https://kotlinlang.org/docs/tutorials/command-line.html
- JetBrains/kotlin: The Kotlin Programming Language https://github.com/JetBrains/kotlin
- Try Kotlin http://try.kotlinlang.org/
- Homebrew — The missing package manager for OS X http://brew.sh/index.html

- Download Android Studio and SDK Tools | Android Developers https://developer.android.com/sdk/index.html
- ntaro/kotlin-android-sample https://github.com/ntaro/kotlin-android-sample
- Qiita - プログラマの技術情報共有サービス https://qiita.com/
- Qiita API v2 ドキュメント - Qiita:Developer https://qiita.com/api/v2/docs
- Dagger ‡ A fast dependency injector for Android and Java. http://google.github.io/dagger/
- JakeWharton/kotterknife: View "injection" library for Android. https://github.com/JakeWharton/kotterknife
- Data Binding Guide | Android Developers http://developer.android.com/intl/ja/tools/data-binding/guide.html
- Kotlin/anko: Pleasant Android application development https://github.com/Kotlin/anko
- Espresso https://google.github.io/android-testing-support-library/docs/espresso/index.html

補促

6 コミュニティと勉強会

　Kotlinの勉強を進める上で、開発者コミュニティは頼りになる存在です。日本国内でも、既にいくつかの勉強会が有志により行われています。

　中でも、日本Kotlinユーザグループ（通称JKUG）[3]は最大規模のコミュニティで、不定期に勉強会やミートアップを開催しています。JKUGの活動範囲は東京を主としていますが、関西で活動しているKansai.kt[4]というコミュニティもあります。

　また、問題に直面したときに質問ができる場としてSlackがあります。世界中のKotlinユーザとコミュニケーションをとることができます[5]。英語は敷居が高いと感じる方は、日本語で話せるSlackもあります[6]。

　なお、日本Kotlinユーザグループと日本語版Kotlin Slackは、筆者が運営しています。初学者も熟練のKotlinプログラマも大歓迎です。気軽に参加してください！

---

[3] https://kotlin.doorkeeper.jp/
[4] http://kansai-kt.connpass.com/
[5] 参加するにはこちらのURLから http://kotlinslackin.herokuapp.com/
[6] 参加するにはこちらのURLから http://kotlinlang-jp.herokuapp.com/

索引

記号・数字

!!演算子	180
@file:JvmName	332
@JvmField	256
@JvmOverloads	333
@JvmStatic	333
@Throws	334
16進数	43
16進表現	43
2進数	43
2進表現	43
8進数	43

A

abstract	134
Android	221
Android Studio	224
Anko	312
Annotation Processing	288
Any	133
apply	252
Array	51
as	158
as?	183

B

Boolean	44
break	59, 63
Byte	42

C

catch	211
Char	44
class	110, 113
companion	203
constructor	121
continue	63
crossinline	94

D

Dagger2	288
data	196
Data Binding	306
DI（Dependency Injection、依存性注入）	288
do	61
do-while	61
Double	42, 43

E

else	57, 59
enum	208
Espresso	283

F

false	44
finally	211
Float	42
for	62
fun	69, 115

G

Glide	274
GSON	270

H
Homebrew 16

I
if 57
if-else 58
in 55, 164
infix 192
init 123, 246
inline 92
inner 199
Int 42
IntelliJ IDEA 20
interface 102
internal 138
is 59
it 87

J
Java 5
javaコマンド 19
JetBrains 3
JKUG 339
JVM 4
JVM言語 4

K
Kansai.kt 339
kapt 288
Kotlin 3
Kotlin Android Extensions 304
Kotlinプラグイン 21
Kotter Knife 301
kt 18

L
lateinit 119, 293
lazy 248
List 52
Long 42

M
Map 54
Mockito 294
MutableList 53
MutableMap 54
MutableSet 53

N
new 114
noinline 94
NotNull 176
null 171
Nullable 176
NullPointerException 171
Null安全（null-safety） 174

O
object 100, 200, 202
open 128
operator 187
Optional 173
out 163
override 105, 130

P
package 136
Pair 54
Parcelable 255

Platform Type 329
private 138
protected.. 139
public 138

R

raw string 50
reified.. 168
REPL（Read-Eval-Print Loop）............. 17, 240
Retrofit 268
return 71
run 256
RxAndroid...................................... 269
RxLifecycle.................................... 275

S

SAM（Single Abstract Method）変換 261
SDKMAN!.. 16
sealed 206
Set 53
Short 42
String 42, 44, 49
Stringテンプレート（String template）........... 50
switch 59

T

tailrec 75
TCO（Tail Call Optimization、末尾呼び出し
　最適化）... 75
this 120
throw.. 211
true 44
try... 211
Try Kotlin 14

U

Unit 78

V

val... 45
var 46
vararg 73

W

when 59, 295
where 161
while 61

あ

アップキャスト................................... 158
アノテーション（annotation）............ 217, 311
安全キャスト（safe cast）.................... 183
安全呼び出し（safe call）.................... 178

い

委譲（delegation）............................. 152
委譲プロパティ（delegated property）........ 215
イテレータ（iterator、反復子）............... 62
イニシャライザ（initializer）................. 123
イミュータブル 49, 53
インスタンス（instance）.............. 110, 114
インタフェース（interface）.......... 102, 143
インポート（import）........................ 137
インライン関数（inline function）............ 92
インライン展開ʼ.................................. 92

え

エクステンション（extension）............... 125
エスケープシーケンス 44

エルビス演算子 181, 252
演算子オーバロード 187, 325
エントリポイント 12

お

オーバライド（override）.....................105, 130
遅い初期化..119
オブジェクト式（object expression）.....101, 200
オブジェクト宣言（object declaration）.......202

か

返り値 69
拡張関数（extension function）...................124
可視性修飾子（visibility modifier）............137
カスタムゲッター（custom getter）.............117
カスタムセッター（custom setter）.............118
型推論..48
型チェック..59
型投影（type projection）..............................163
型パラメータ（type parameter）.................159
型引数（type arguments）..............................159
型変換..47
可変長引数..73
関数（function）..69
関数オブジェクト...81
関数リテラル（function literal）...................97

き

基本数値型..42
キャスト（cast）..158
共変（covariant）..163

く

具象型（reified type）.....................................168

クラス (class) など

クラス（class）....................................109, 113
クラスデリゲーション（class delegation）......153
クロージャ（closure）......................................91

け

継承（inheritance）...127

こ

構造上の等価性..191
コミュニティ..339
コメント（注釈）...13
コレクション..52
コンストラクタ（constructor）...........109, 113
コンパイラ...16
コンパニオンオブジェクト（companion object）
....203

さ

再帰呼び出し..74
再代入...46
サブクラス（subclass）................................128
サブタイプ（subtype）.................................132
参照の等価性...190

し

シールドクラス（sealed class）..................206
ジェネリクス（generics）.............................159
ジェネリッククラス 159
シグネチャ（signature）................................12
指数表現...43
実装（implement）................................102, 144
ジャンプ...63
集合...53
条件式...57

索引

条件分岐 57
使用場所変位指定（use-site variance）....... 166
シングルトン 202

す

スーパクラス（superclass）...................... 128
スーパタイプ（supertype）...................... 132
スコープ 77, 90
スター投影（star-projection）................. 167
スタック 75
スタックオーバーフロー 75
スマートキャスト（smart cast）............... 176

せ

整数リテラル 43
セカンダリコンストラクタ（secondary
　　constructor）............................. 122, 246
セット 53
宣言場所変位指定（declaration-site variance）
　　.. 165

た

第一級オブジェクト（first-class object）..... 81
代入（assignment）................................. 45
対話型評価環境 17
ダウンキャスト 158
高階関数（higher-order function）........... 84

ち

抽象クラス（abstract class）.................... 134
抽象メンバ（abstract member）.............. 134
中置呼び出し（infix call）....................... 192

て

データクラス（data class）............... 196, 240
デフォルトコンストラクタ 113
デフォルト実装 146
デフォルト引数 72
デリファレンス..................................... 171

と

トリプルクォート 50

な

内部クラス（inner class）....................... 199
名前空間 12, 136
名前付き引数 72

に

日本Kotlinユーザグループ 339

ぬ

ぬるぽ 172

は

配列 51
バッキングフィールド（backing field）.......... 117
パッケージ（package）.................... 136, 238
範囲 55
反変（contravariant）............................ 164

ひ

引数リスト 69
ビット幅 42
標準出力 12
非ローカルリターン（non-local return）......... 95

ふ

浮動小数点数 43
不変（invariant）........................... 162
プライマリコンストラクタ（primary constructor）
.... 122
プロパティ（property）............. 107, 116
分解宣言（destructuring declaration）........ 194

へ

ペア 54
変位（variance）........................... 162
変数（variable）.............................. 45

ほ

防御的コピー 53
ボクシング（boxing）..................... 52

ま

マップ 54

み

ミュータブル 53

む

無名関数（匿名関数、anonymous function）... 97

め

メソッド（method）............. 100, 115
メンバ（member）........................ 120

も

文字リテラル 44
文字列 44
文字列連結 49

モック

モック 288

ゆ

有理数（分数）............................... 27
ユニード 44

ら

ラベル 64
ラベルへのリターン（return at label）........... 96
ラムダ式（lambda expression）..... 87
ランタイムライブラリ 19

り

リスト 52
リテラル（literal）......................... 41
リフレクション 321

る

ループ 61

れ

例外（exception）......................... 211
レシーバ 115
列挙型クラス（enum class）........ 208
レンジ（range）............................. 55

ろ

ローカル関数（local function）..... 77

■著者プロフィール

長澤太郎（Nagasawa Taro）

早稲田大学情報理工学科を2012年に卒業。同年入社したメーカー系SIerを経て、2013年にエムスリー株式会社へ入社。以来、世界の医療を変革するためソフトウェアエンジニアとして従事。
学生時代にKotlinと出会い、自らKotlinエバンジェリストを名乗り、講演や執筆を通して啓蒙活動に尽力。日本Kotlinユーザグループ代表、日本Javaユーザグループ幹事を務める。
ビールとラーメンとディズニーが大好き。

Kotlinスタートブック
──新しいAndroidプログラミング

© 長澤太郎　2016

2016年7月27日　第1版第1刷　発行	
2019年5月24日　第1版第3刷　発行	

著　者	長澤　太郎
発行人	新関　卓哉
企画担当	蒲生　達佳
編集担当	松本　昭彦
発行所	株式会社リックテレコム
	〒113-0034 東京都文京区湯島 3-7-7
振替	00160-0-133646
電話	03（3834）8380（営業）
	03（3834）8427（編集）
URL	http://www.ric.co.jp/
装　丁	トップスタジオ デザイン室 （轟木亜紀子）
本文組デザイン	河原健人
編集協力・組版	株式会社トップスタジオ
印刷・製本	シナノ印刷株式会社

本書の全部または一部について無断で複写・複製・転載・電子ファイル化等を行うことは著作権法の定める例外を除き禁じられています。

- ●訂正等
  本書の記載内容には万全を期しておりますが、万一誤りや情報内容の変更が生じた場合には、当社ホームページの正誤表サイトに掲載しますので、下記よりご確認ください。
  ＊正誤表サイトURL
  http://www.ric.co.jp/book/seigo_list.html

- ●本書の内容に関するお問い合わせ
  本書の内容等についてのお尋ねは、下記の「読者お問い合わせサイト」にて受け付けております。また、回答に万全を期すため、電話によるご質問にはお答えできませんのでご了承ください。
  ＊読者お問い合わせサイトURL
  http://www.ric.co.jp/book-q

- ●その他のお問い合わせは、弊社Webサイト「BOOKS」のトップページ http://www.ric.co.jp/book/index.html 内の左側にある「問い合わせ先」リンク、またはFAX：03-3834-8043にて承ります。
- ●乱丁・落丁本はお取替え致します。

ISBN978-4-86594-039-8　　　　　　　　　　　　　　　　　　　　　　　　　　　Printed in Japan